编 委 会

主　编　马学恩

编　委　禹旺盛　马学恩　满　达

　　　　魏小军　王海荣　敖威华

　　　　敖　荣

前　言

改革开放以来，我国奶牛饲养业有了迅猛发展，我国人均消费各种奶制品的数量也有了较大提高。大力发展奶牛饲养业，对改善城乡人民生活，增加农牧民收入，推动农牧区产业的调整，起着重要作用。

本书主要介绍了奶牛品种、饲养管理、疫病防治等方面的实用知识和技能。全书共八章，即"奶牛品种""奶牛的外貌特征与年龄鉴定及选购""奶牛场建设与环境控制""奶牛常用饲料及其加工调制""奶牛场的育种与选种选配""奶牛的繁殖技术管理""奶牛的饲养管理""奶牛的卫生保健与常见疾病防治"。

在编写过程中，我们注意语言通俗易懂，方法好记实用，目的是使具有初中以上文化水平的读者都能看明白，都能学着做。本书适合广大农牧民朋友和乡村畜牧兽医人员阅读，也可供畜牧、兽医以及相关专业的师生作为教学或实习参考用书。

本书的作者多年来一直从事动物生产和疫病防治的教学和科研工作，有比较扎实的理论基础和一定的实践经验。初稿是由禹旺盛同志组织完成的，我和禹旺盛同志又反复推敲，对全部书稿进行了数次修改、加工，并决定一些内容的增减。我们衷心希望本书能帮助农牧民朋友解决一些实际问题，同时也热忱欢迎大家提出宝贵的修改意见。

马学恩

目　录

第一章 奶牛品种

奶牛品种是指专门用来产奶的乳用型品种。世界上有很多著名的奶牛品种，但至今还没有一个品种的生产性能超过荷斯坦牛。荷斯坦牛具有广泛的适应性和风土驯化能力，深受人们的欢迎，成为世界各国发展奶牛的首选品种。在很多国家，如美国、加拿大、日本、以色列等，荷斯坦牛的饲养比例均占奶牛饲养总量的90%以上；而其他一些品种，如娟姗牛、更赛牛、爱尔夏牛等所占比例越来越小。我国除了草原地区外，在大中城市郊区及农区城镇各奶牛饲养场，同样有单一发展荷斯坦牛的趋势。下面，把国内外优良奶牛品种作一介绍，其中，蒙古牛、秦川牛、南阳牛、鲁西牛、晋南牛、延边牛属我国地方品种。

一、国外荷斯坦牛

（一）原产地及分布

原产于荷兰北部的滨海地区，为世界著名的主要奶牛品种。世界大多数国家均能饲养。经各国长期驯化选育，培育成了各具特征的荷斯坦牛，如美国荷斯坦牛、加拿大荷斯坦牛和中国荷斯坦牛等。由于各国对荷斯坦牛选育方向不同而分为两类：一类是以美国、加拿大、以色列等国为代表的乳用型荷斯坦牛；另一类是以荷兰、丹麦、挪威等欧洲国家为代表的乳肉兼用型荷斯坦牛。

1

（二）外貌特征

（1）乳用型荷斯坦牛：主要用途为产奶。特征是体格高大，乳用特征明显，产奶量高，乳脂率偏低。以美国、加拿大荷斯坦牛为代表。

（2）兼用型荷斯坦牛：以乳用为主，同时具有一定的产肉性能。体格较乳用型荷斯坦牛稍小，产奶量稍低，乳脂率稍高。以荷兰荷斯坦牛为代表，欧洲的荷斯坦牛大都属于此类型。

（三）生产性能

（1）乳用型荷斯坦牛：产奶量为世界各奶牛品种之冠。美国2000年登记平均产奶量达9 777千克，乳脂率为3.65%，乳蛋白率为3.23%。创世界最高纪录者，是1997年美国一头牛，个体最高年产奶量达30 833千克。

（2）兼用型荷斯坦牛：平均产奶量较乳用型低，年产奶量一般4 500～6 000千克，乳脂率为3.9%～4.5%，个体创最高纪录者达10 000千克以上。另外，该牛肉用性能好，经肥育的公牛，500日龄平均活重为556千克，平均日增重1 112克。屠宰率为62.8%。

（四）品种特点

（1）荷斯坦牛生产性能高，遗传性稳定，性情温顺，易于管理。

（2）适应性强，怕热，不怕冷，炎热的夏天产奶量明显下降。

（3）乳脂率较低，对饲草料条件要求较高，适合我国饲草料条件好的城市郊区和农区饲养。

二、中国荷斯坦牛

中国荷斯坦牛是从不同国家引入的纯种荷斯坦牛与我国当地黄牛杂交，经长期（经历100多年）选育而成的。1982年3月由我国农业部和中国奶牛协会进行鉴定，并命名为中国黑白花奶牛品种。1992

年由中国农业部正式更名为中国荷斯坦牛。现已分布全国各地,是我国培育成的唯一奶牛品种。

（一）外貌特征

目前,中国荷斯坦牛多为乳用型,华南地区有少数个体稍偏于兼用型品种。体质细致结实,结构匀称,毛色黑白相间,花片分明。乳房附着良好,质地柔软,乳静脉明显,乳头大小、分布适中,具有典型的乳用型品种特征。成年公牛体重1 100千克,体高155厘米,体长200厘米,胸围240厘米,管围24.5厘米（是指前掌骨上1/3最细处的水平周长）；成年母牛体重600千克,体高135厘米,体长167.7厘米,胸围200厘米,管围19.5厘米。我国南方荷斯坦牛体格偏小,其成年母牛体重585千克,体高132厘米,体长170厘米,胸围196厘米。

（二）生产性能

据我国奶牛协会对21 925头品种牛登记统计,305天各胎次平均产奶量为6 306千克,平均乳脂率为3.56%。其中第一胎产奶量为5 693千克,乳脂率3.57%；第三胎产奶量为6 919千克,乳脂率3.57%。在个别城市和地区,如北京、天津、上海、吉林、辽宁、黑龙江、内蒙古、新疆、山西等大、中城市附近及重点育种场,全年平均产奶量已达7 000千克；在饲养条件较好,育种水平较高的北京、上海,个别奶牛平均产奶量已超过8 000千克,最高个体超过10 000千克。

（三）品种特点

中国荷斯坦牛继承了其父母双亲的优点,表现为适应性强,耐粗饲,耐寒,但不耐热。

三、娟姗牛

（一）原产地及分布

原产于英吉利海峡（位于英国和法国之间）南端的娟姗岛,属于小型乳用品种。特点是体型较小，乳房形状好，乳脂率高。因其乳脂率高，被多国引进，现分布于世界各地。

（二）外貌特征

娟姗牛体型小，清秀，轮廓清晰。头小而轻，两眼间距宽，眼大而明亮，尾巴细长，四肢较细，关节明显。乳房发育匀称，形状美观，乳静脉粗大而弯曲，后躯较前躯发达，侧望呈楔形。毛色为深浅不同的褐色，但以浅褐色为最多。鼻镜及舌为黑色，嘴、眼周围有浅色毛环，尾埽为黑色。成年公牛体重650~750千克，成年母牛体重340~450千克，体高120~122厘米，体长130~140厘米，管围15~17厘米。犊牛初生重23~27千克。

（三）生产性能

娟姗牛的最大特点是产奶量高，乳汁浓厚，乳脂肪球大，易于分离，风味好，适于制作黄油，其鲜奶及奶制品备受欢迎。平均产奶量3 000~4 000千克，乳脂率为5%~7%，是世界奶牛品种中乳脂产量最高的品种。

四、爱尔夏牛

（一）原产地

原产于英国爱尔夏郡，属于中型乳用品种。我国广西、湖南等许多省、区、市曾有引进。

（二）外貌特征

爱尔夏牛体格中等，结构匀称，毛色为红白花，具有奇特的角形，被毛有小块的红斑或红白纱毛。鼻镜、眼圈呈浅红色，尾巴尖部为白色。乳房发达，发育匀称，呈方形，乳头中等大小，乳静脉明显。成年公牛体重800千克，母牛体重550千克，体高128厘米。

（三）生产性能

低于荷斯坦牛，但高于娟姗牛和更赛牛。据美国爱尔夏奶牛登记资料，年平均产奶量为5 448千克，乳脂率3.9%，个别高产群个体产奶可达7 718千克，乳脂率4.12%。

（四）品种特点

爱尔夏牛性早熟，耐粗饲，适应性强。

五、更赛牛

（一）原产地

原产于英国更赛岛，属于中型乳用品种。我国曾有引入，但目前我国纯种更赛牛已基本上绝迹了。

（二）外貌特征

体躯较宽深，后躯发育良好，乳房发达，呈方形，但不如娟姗牛匀称。被毛为浅黄色或金黄色，也有浅褐色的个体，腹部、四肢下部和尾巴尖部多为白色。成年公牛体重750千克，母牛体重500千克。

（三）生产性能

1992年美国更赛牛登记年平均产奶量为6 659千克，乳脂率4.49%，乳蛋白率3.48%。

（四）品种特点

更赛牛乳脂和乳蛋白含量高，还以乳中β-胡萝卜素含量较高而著名。

六、中国西门塔尔牛

（一）原产地

原产于瑞士。分布于全国大部分省、区，但主要集中在全国各省、区一些牛场或家畜繁育场，用于杂交改良我国黄牛。据不完全统计, 我国现有西门塔尔牛2万多头, 各代杂交改良牛700多万头, 成为我国最大的乳肉兼用型牛的体系。目前中国西门塔尔牛已成为我国肉牛生产及黄牛改良的主要推广品种, 也是全今用于改良本地牛范围最广、数量最大、杂交最成功的一个牛种。

(二)外貌特征

体躯长, 前后躯发育均好, 四肢结实。大腿肌肉发达, 乳房发育好。被毛呈黄白花或红白花, 头、胸、腹下和尾巴末端多为白毛。成年公牛体重1 100~1 200千克, 成年母牛体重550~600千克。体重数已接近或超过主要原产国西门塔尔牛的水平。

(三)生产性能

中国西门塔尔牛育种核心群2 178头母牛产奶量超过5 000千克, 乳脂率4.0%。杂种母牛产奶量2 000~3 000千克, 乳脂率4.2%以上。杂交一代公牛390天强度肥育, 平均日增重775克, 屠宰率58.01%。

(四)杂交改良效果

西门塔尔牛与我国黄牛杂交, 杂种后代体格增大, 生长快, 后代母牛产奶量都有所提高, 同时也为下一轮杂交提供很好的母系。另外, 对粗饲料不挑剔, 这也是西门塔尔牛在我国被广泛利用的原因之一。因此, 西门塔尔牛在我国黄牛改良中作为父本具有十分重要的意义。

七、中国三河牛

(一)产地

产地在内蒙古呼伦贝尔市大兴安岭额尔古纳右旗的三河(根河、得力布尔河、哈布尔河)地区。占当地饲养牛总头数的90%以上。此外, 还分布在兴安盟、通辽市和锡林郭勒盟等地区。

（二）外貌特征

毛色为红白花片，头部全白或有白斑。腹下、尾尖及四肢下部全为白色。角向上前方弯曲，体格较大。成年公牛体重1 050千克，体高156.8厘米，胸围240.1厘米，管围25.7厘米；母牛体重547.9千克，体高131.3厘米，胸围192厘米；公犊牛初生为31.3千克，母犊牛初生为29.6千克。

（三）生产性能

在放牧条件下，头胎母牛平均产奶量2 868千克，乳脂率4.17%，最高产奶量可达3 205千克。放牧肥育，屠宰率为54%，净肉率为45.6%。

（四）品种特点

适应性强，耐寒、耐热、耐粗饲，发病率低。乳脂率高。

八、中国草原红牛

（一）产地

产地在吉林省白城、内蒙古赤峰市、锡盟正蓝旗和河北省张家口地区，是用乳肉兼用型短角牛作父本，蒙古牛作母本杂交选育而成的一个新品种。

（二）外貌特征

毛色为紫红色或深红色，个别牛在腹下、乳房部位有白斑。鼻镜、眼圈呈粉红色。成年公牛体重700～800千克，体高137.3厘米；母牛体重450千克，体高124.2厘米；公犊牛初生为31.3千克，母犊牛初生为29.6千克。

（三）生产性能

在放牧条件下，头胎母牛平均产奶量1 127.4千克，乳脂率4.03%，最高产奶量4 507千克。18月龄去势牛，放牧条件下，屠宰率50.8%，净肉率40.95%；短期肥育屠宰率58.1%，净肉率49.5%。

九、蒙古牛

(一)产地

产于内蒙古高原,广泛分布于内蒙古、黑龙江、新疆、河北等全国各省、区。该牛多以终年放牧为主,饲养管理极为粗放。

(二)外貌特征

毛色多为黑色、黄色或黄红色。头短宽,粗重,角长,并向上前方弯曲。四肢短,皮厚,皮下结缔组织发达。成年母牛体重206~365千克,体高108~123厘米。

(三)生产性能

母牛100天平均产奶量518千克,乳脂率5.22%。中等营养水平的去势牛,屠宰率53%,净肉率44.6%。

(四)品种特点

母牛初情期8~12月龄,2岁开始配种,4~8岁为繁殖最好时期,但因四季营养极不平衡而表现季节性发情,是我国最耐干旱和寒冷的品种。在-50~35℃不同季节,气温剧变条件下能常年适应,抓膘能力强,发病少。以体格大、力强、肉多、味美而出名。

十、秦川牛

(一)产地

产于陕西省渭河流域的关中平原地区。

(二)外貌特征

大型役肉兼用品种,体格高大,体质强健,肌肉丰满,前躯发育良好而后躯较差。毛色以紫色、红色为主,有少数呈黄色。成年公牛体重600千克,体高141.46厘米,体长160.47厘米,胸围200.47厘米,管围22.23厘米;成年母牛体重380千克,体高124.51厘米,体长140

厘米,胸围170厘米,管围16.83厘米。公、母犊牛初生体重分别为27.4千克和25千克。

（三）生产性能

在中等饲养水平下肥育325天,18月龄体重为484千克,平均日增重700克,屠宰率58.3%,净肉率50.5%。肉质细嫩,大理石纹明显,肉味鲜美。母牛平均产奶量715.8千克,乳脂率4.7%。

十一、南阳牛

（一）产地

产于河南省南阳地区。

（二）外貌特征

大型役肉兼用品种,体格高大,结构紧凑。毛色以黄色最多,另有红色和草白色。成年公牛体重650千克左右,成年母牛体重410千克左右。

（三）生产性能

如以粗饲料为主进行一般肥育,18月龄体重可达412千克,屠宰率55.6%,净肉率46.6%。肉质细嫩,肉味鲜美,大理石纹明显。母牛产奶量600~800千克,乳脂率4.5%~7.5%。

十二、鲁西牛

（一）产地

产于山东省西南部的菏泽、济宁两地区。

（二）外貌特征

大型役肉兼用品种,体躯高大,略短,结构较为细致紧凑,肌肉发达。被毛为棕色、深黄、黄和淡黄色,而以黄色居多。成年公牛体重645千克左右,成年母牛体重365千克左右。

（三）生产性能

肉用性能良好。一般屠宰率为55%～58%，净肉率为45%～48%。皮薄骨细，肉质细致，大理石纹明显，是生产高档牛肉的首选品种之一。

十三、晋南牛

（一）产地

产于山西省南部汾河下游的晋南盆地。

（二）外貌特征

大型役肉兼用品种，体躯高大，胸围大，背腰宽阔。被毛为枣红色。成年公牛体重607千克左右，成年母牛体重339千克左右。

（三）生产性能

断奶后肥育6个月平均日增重961克，屠宰率60.95%，净肉率51.37%。母牛产奶量745.1千克，乳脂率5.5%～6.1%。

十四、延边牛

（一）产地

产于吉林省延边朝鲜族自治州。

（二）外貌特征

大型役肉兼用品种，体质粗壮结实，结构匀称，体躯宽深。被毛长而密，多呈黄色。成年公牛体重465千克，成年母牛体重365千克。

（三）生产性能

12月龄公牛肥育180天，日增重为813克，屠宰率57.7%，净肉率47.2%。肉质柔嫩多汁，鲜美适口，大理石纹明显。母牛产奶量500～700千克，乳脂率5.8%。

第二章　奶牛的外貌特征与年龄鉴定及选购

一、奶牛的外貌特征

熟悉和掌握奶牛的外貌特征，是为了了解奶牛外貌与生产性能和健康程度之间的关系，以便比较容易地选择或购买生产性能较强、健康状况较好的奶牛。一般而言，外貌好的奶牛，其生产性能都比较好。国内外育种科技人员都非常重视对奶牛外貌的研究，如在奶牛育种工作中，除重视对产奶量的选择外，尤其是对乳房、后躯发育更为重视。下面主要介绍荷斯坦奶牛的外貌特征。

（一）从整体看

奶牛外貌上的基本特点是：皮薄骨细，血管显露，被毛细短而有光泽；肌肉不甚发达，皮下脂肪沉积不多；胸腹宽深，后躯和乳房特别发达，细致紧凑型的特点表现明显。一般，具有理想体型的奶牛，从侧视、前视和背视均呈"楔形"（即倒三角形）。

（1）侧视：将背线向前延长，再将乳房与腹线连接成一条直线，延长到牛头前方，而与背线的延长相交，构成一个楔形。从这个体型可以看出奶牛的体躯是前躯浅，后躯深，表明消化系统、生殖器官和泌乳系统发育良好，产奶量高。（见图2-1）

（2）前视：以鬐甲顶点为起点，分别向左右两肩下方做直线并延长，并与胸下的直线相交，又构成一个楔形。这个楔形表示鬐甲和

肩胛部肌肉不多，胸部宽阔，肺活量大。（见图2-1）

（3）背视：由鬐甲分别向左右两腰角引两条直线，与两腰角的连线相交，同样构成一个楔形。这个楔形表示后躯宽大，发育良好。（见图2-1）

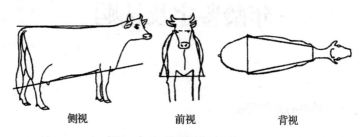

侧视　　　　　　前视　　　　　　背视

图2-1　奶牛楔形体型模式图

（二）从个别部位看

（1）乳房：一个发育良好的标准乳房，乳房体积要大，形状美观，向前后伸延，附着紧凑，质地柔软而有弹性，乳腺发达；四个乳区匀称，乳区高、宽而圆，不能超过飞节。

（2）乳头：乳头长7~9厘米，4个乳头大小、长短一致，呈圆柱状，垂直于地面，间距匀称；乳头管容量大，在20毫升以上。乳头括约肌正常，不过紧或过松。

（3）乳静脉：是乳房前静脉的延续，它分左右两条通过乳井到达胸腔，汇合胸内静脉而进入心脏。乳静脉是衡量乳腺功能的主要标志之一，好的奶牛，乳静脉应粗大、明显弯曲而且分支多。

（4）乳井：是乳静脉进入胸腔的通道，位于第八和第九肋间，它的大小直接反映了乳静脉的粗细。当乳静脉位置深而不易观察时，可通过触摸乳井大小来判断乳静脉的粗细。乳房应皮薄，毛细、短、稀，在泌乳高峰期能看见乳静脉及侧悬韧带筋腱的隆起。

（5）尻部：尻部与乳房的形状有密切的关系，尻部宽广，两后肢间距就宽，才能容纳庞大的乳房。如果尻部狭窄，会影响乳房的发育,后肢间距同样变窄,呈现英文字母"X"状。好的奶牛的尻部要宽、长而平,腰角间与坐骨端间距离要宽,而且在一个水平线上。

二、年龄鉴定

年龄是评定奶牛经济价值和种用价值的重要指标,也是采取不同饲养管理措施的依据,因此年龄鉴定工作很重要。通常根据产犊记录是确定奶牛年龄的最准确的方法,但在缺乏记录的情况下,可通过奶牛的外貌、牙齿及角轮等鉴定其年龄。

(一)根据外貌鉴定

通过观测奶牛的外貌,对其年龄可有一个大概的估计,此法可在一定程度上评定牛的老幼。

(1)老龄奶牛:一般年老的奶牛体况比较消瘦,被毛粗硬,干燥无光泽,绒毛较少,皮肤粗硬无弹性,眼窝下陷,目光无神,举动迟缓,嘴粗糙,面部多皱纹。黑色牛在眼角周围开始出现白毛,进而在颈部、躯干部也出现褐色、棕色、黄色毛,奶牛躯体内侧、四肢及头部被毛变浅,体躯宽深。

(2)壮龄奶牛:壮年奶牛在同样的饲养管理条件下不像老年牛那样容易掉膘。壮龄奶牛皮肤柔软,富有弹性,被毛细软而有光泽,精力充沛,举动活泼。

(3)幼龄奶牛:头短而宽,眼睛活泼有神,眼皮较薄,被毛光润,体躯浅窄,四肢较高,后躯高于前躯。嘴细,脸部干净。

以上方法只能判断出奶牛的老幼,无法断定其确切的年龄,因此只能作为鉴定年龄时的参考。

(二)根据角轮鉴定

(1)按角的生长速度判断:犊牛出生后2个月即出现角,此时长度1厘米左右,以后每个月大约生长1厘米,直到20月龄为止,因此沿着角的外缘测量从角根到角尖的厘米数加1，即为该牛的大致月龄。在20月龄以后，角的生长速度变慢，大约每月生长0.25厘米，再根据角的长度判断牛的年龄就不很准确。角的生长速度又受品种、营养及个体遗传因素的影响，所以，此法并不完全可靠。

（2）按角轮判断：角轮的形成，是在母牛妊娠和泌乳期间由于营养不足，角基部周围组织未能充分发育，表面陷落，在角的基部生长点处变细，形成一个环形的凹陷，称为角轮。

母牛一般年产一犊，所以可根据角轮的数目判断牛的年龄。其计算方法是：母牛年龄=第一次产犊年龄+（角轮数目-1）。例如：母牛第一次产犊年龄为2岁（24个月），而角轮数目为4个，该母牛现在有多少岁？母牛年龄=2+（4-1）=2+3=5岁。

这种方法也不十分可靠，因为由于母牛流产、饲料不足、空怀、疾病等原因，造成角轮的深浅、宽窄都不一样。例如：流产时，角轮比正常产犊时要窄的多，在怀孕4~5个月时流产，角轮平均宽度为0.5厘米，在妊娠足月的情况下，则为1.2厘米；空怀时，空怀的角轮间距极不规则，在最近妊娠期所形成的角轮距离上次妊娠期形成的角轮较远。因此，在用本方法进行鉴别时，不仅要用肉眼观察角轮的深浅和距离，用手触摸角轮的数目，还要根据角轮的具体情况综合考虑，来判断牛的年龄。此外，还应注意，不一定保证母牛每年产犊一次，有时会长于一年，这也增加了用本法判定年龄的难度。

（三）根据牙齿鉴定

奶牛最初生有乳牙，随着生长发育，乳齿脱落，更换成永久齿，永久齿在采食咀嚼过程中不断磨损，根据乳齿与永久齿的更换、永久齿的磨损程度，可判断奶牛的年龄。此方法虽然不如记录材料方法准确，但比外貌和角轮法要准确得多。

1. 奶牛牙齿的种类、数目、排列方式

（1）种类：根据奶牛牙齿出生的先后顺序，可分为乳齿与永久齿（恒齿）。最先出现的是乳齿，随着年龄增长，逐渐脱落换为永久齿。奶牛乳齿与永久齿的区别见表2-1。

表2-1　奶牛乳齿与永久齿的区别

项目	乳齿	永久齿
色泽	白色	乳黄色
齿颈	明显	不明显
齿根	插入齿槽较浅，附着不稳	插入齿槽较深，附着很稳定
大小	小而薄，有齿间隙	大而厚，无齿间隙
生长部位	齿根插入齿槽较浅	齿根插入齿槽较深
排列情况	排列不够整齐，齿间空隙大	排列整齐，紧密而无空隙

（2）数目和排列顺序：成年奶牛的牙齿共32枚，其中门齿8枚，臼齿24枚。门齿又称切齿，生于下颚前方；上颚无门齿，仅有角质形成的齿垫。牛下颚8枚门齿是年龄鉴别的依据。8枚齿的最中间一对叫钳齿，也叫第一对门齿。紧挨钳齿左右的一对叫内中间齿，紧挨内中间齿左右的第三对为外中间齿，最外边一对叫隅齿。（见图2-2）

图2-2　门齿的排列顺序

a. 钳齿　b. 内中间齿　c. 外中间齿　d. 隅齿

2. 门齿的构造

从外形上门齿可分为齿冠、齿颈和齿根3部分。齿冠是露在齿龈以外的部分；齿根是埋于齿槽内的部分；齿颈是位于齿冠和齿根之间，被齿龈包围的部分。（见图2-3）

齿冠的齿质(也称象牙质)外面覆盖着珐琅质,又叫釉质,色青白而清晰光滑,是牙齿最坚固的部分,起保护牙齿的作用。齿根的齿质表面被覆黏合质,表面粗糙。齿颈下部的齿质外面覆以白垩质,其作用使牙齿固定齿槽内,呈黄色。齿冠的最上部和切齿板相接触的面为咀嚼面,牛在采食过程中会使牙齿磨损,当磨损一定程度时,在咀嚼面上可看到象牙质中间有一颜色较浅的线,这就是齿线。随着牙齿不断磨损,齿线由长变短,由窄变宽,成为矩形、椭圆形或圆形,这就是齿星。齿线和齿星都是年龄鉴别的重要标志。

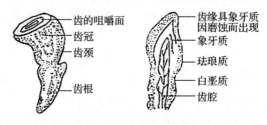

图2-3　奶牛门齿的结构

3. 鉴别方法

(1)乳门齿的长出:一般犊牛在出生前就有1对乳钳齿,有时是3对。生后5~6天或15天左右生出最后一对乳隅齿。3~4月龄时,乳隅齿发育完全,全部乳门齿都已长齐而呈半圆形(为18~20月龄)。

(2)门齿的磨损和更换:从4~5月龄开始,乳门齿齿面逐渐磨损,磨损的次序是由中央到两侧(即最初是乳钳齿被磨损,以后是内中间齿和外中间齿,最后是乳隅齿)。当磨损到一定程度时,乳门齿开始脱落,换成永久齿。更换的顺序也是从钳齿开始,最后是隅齿。当各齿都换齐时,又逐渐磨损,最后脱落。所以通过门齿的更换和磨损,就可以较准确地判断牛的年龄(前臼齿虽然也更换,但由于观察臼齿比较困难,所以在判断牛的年龄时一般都不参考臼齿的变化)。现就奶牛依据门齿变化鉴别年龄介绍如下(见表2-2)。

表2-2　奶牛不同年龄门齿变化

年龄	牙齿的变化	年龄	牙齿的变化
出生	具有1~3对乳门齿	5岁	隅齿换成永久齿，全部门齿更换完，并且长到同其他齿一样齐（齐口）
0.5~1月龄	乳隅齿长出		
1~3月龄	乳门齿磨损不明显	6岁	钳齿和内中间齿磨损呈长方形
3~4月龄	乳钳齿与内中间齿前缘磨损	7岁	钳齿和内中间齿磨损呈三角形
5~6月龄	乳外中间齿前缘磨损	8岁	全部门齿都磨损呈长方形
6~9月龄	乳隅齿前缘磨损	9岁	钳齿中部磨损呈珠形圆点
10~12月龄	乳门齿磨面扩大	10岁	内中间齿中部磨损呈珠形圆点
13~18月龄	乳钳齿与内中间齿齿冠磨平	11岁	外中间齿中部磨损呈珠形圆点
18~20月龄	乳外中间齿齿冠磨平	12~13岁	全部门齿中部磨损呈珠形圆点
2岁	换成1对永久钳齿（对牙）	14~18岁以后	门齿磨至齿龈，齿冠磨完，空隙更大，稀疏离开，门齿有活动和脱落现象，这时判断牛的年龄就很困难了
3岁	内中间齿换成永久齿（4牙）		
4岁	外中间齿换成永久齿（6牙）		

三、奶牛的选购

我国饲养的奶牛品种主要为荷斯坦奶牛，也叫黑白花奶牛。奶牛的选购具有较大的技术性，若不懂得挑选诀窍，买回的牛品种不纯，产奶量不高，会给日后高效生产带来潜在压力，引起很大的经济损失。购买优质奶牛，需要畜牧兽医等行家帮忙，应注意以下几方面

17

问题:

(一)看品种纯不纯,注意奶牛的外貌特征

优质奶牛全身为黑白花,花片界限明显,额部有白毛,腹下、四肢下部和尾埽毛为白色,毛细而有光泽,皮肤薄而有弹性,骨骼细致,血管显露,肌肉不发达,皮下脂肪沉积少,头长清秀,眼睛圆大、明亮、有神,口宽阔,下颚发达,鼻孔圆大,鼻镜湿润,颈长、皮较薄,胸腹宽深,后躯和乳房十分发达,全身细致紧凑。

(二)看体型特征是否显著

优质奶牛头颈、后大腿等部位棱角轮廓明显,侧视、前视、背视均呈楔形。

(三)看乳房和尻部

优质奶牛乳房发达,呈浴盆形,深且底部平坦,不超过飞节;乳头大,4个乳头长短、距离适中;乳房前伸后延、附着紧凑,附着点高,乳房宽,左右乳区间有明显的纵沟,乳腺弯曲多,皮肤弹性好,乳井明显。奶牛的尻部要宽,长而平,即腰角间及坐骨端间距离要宽,而且要在一个水平线上。髋、腰角与坐骨间的距离,看起来好像一个等腰三角形。

(四)看四肢

优质奶牛四肢端正,关节明显,肢蹄结实,无不良姿势,无畸形蹄,无跛行,蹄壳圆亮,蹄叉清洁,内外蹄紧密对称,质地坚实。前肢肢势端正,肢间距离宽。当奶牛以端正的姿势站立时,从前方看,前肢能遮住后肢,由肩关节向地面引的垂线从腕关节中央通过。后肢肢势端正,由坐骨端引向地面的垂线与飞节后端相切,从后肢后方中央通过。

(五)看奶牛是否有疾病

挑选奶牛时要特别注意奶牛是否有疾病,应观察奶牛全身的各个部位,特别注意是否有发热,鼻镜是否干燥,生殖器官是否正常,并检查粪便、采食等情况。切记不能去疫区购买奶牛。在成交前还要到兽医卫生防疫部门检查一下,看奶牛是否患有结核、布氏杆菌病等传染病。

(六)看奶牛是否怀孕(妊娠)

在妊娠早期对牛是否怀孕不易做出准确判断。购买者不要仅凭畜主提供的情况来判断奶牛是否妊娠,必须请熟练的专业技术人员进行直肠检查,并结合奶牛的生理表现,才能做出较为准确的判断。

(七)看奶牛的出身(系谱)

奶牛的出身指奶牛的系谱。系谱记录应包括下列信息,如奶牛品种,牛号,出生年、月、日,出生体重,成年体尺,体重,外貌评分、等级,母牛各胎次产奶成绩等。系谱中,还应有父母代和祖父母代的体重,外貌评分、等级,母牛的产奶量、乳脂率等。另外,牛的疾病和防疫、繁殖、健康情况等,也应有详细记载。

第三章　奶牛场建设与环境控制

随着我国农业产业化结构的调整,规模化奶牛生产发展迅速。从发展的角度来看,建设奶牛场、奶牛养殖小区,是我国奶牛业向规模化、产业化发展的必然;而生产无公害产品、绿色产品、有机畜产品,则是当今世界养殖业发展的趋势。因此,对奶牛场的规划布局要实施政策与法规调控,做到建一个,完善一个,规范一个;并做到分散建场,单元管理,改变传统的建场布局模式,科学布局牛舍,留有发展余地;采用无害化、资源化设计工艺,科学处理和利用粪污,致力建设花园式生态奶牛场;在新建奶牛场中,设计要符合我国基本国情,要注意尽量采用新工艺、新技术、新设备。

一、奶牛场场址选择与布局

(一)奶牛场场址的选择

如何选择一个好的场址,需要周密考虑,统筹安排,要有长远的规划,要留有发展的余地,以适应今后养牛业发展的需要。在考虑场址时,必须与农牧业发展规划、农田基本建设规划以及今后修建住宅等规划结合起来;必须符合兽医卫生和环境卫生的要求,周围无传染源,无人畜地方病,适应现代化养牛业的发展趋势。具体地说,选择牛场场址应考虑以下几点。

(1)地势:平坦干燥,背风向阳,排水良好,防止被河水、洪水淹没。地下水位要在2米以下，最高地下水位需在青贮窖底部0.5米以下。地势要有不超过2.5%的坡度，总的坡度应向南倾斜。山区地势变化大，面积小，坡度大，可结合当地实际情况而定。

（2）地形：应开阔整齐，理想的是正方形或长方形；尽量避免狭长形和多边形。

（3）水源：水源充足，未被污染，水质应符合畜禽饮用卫生指标要求，易于取用和保护，能保证生活、生产、牛群及防火等用水。

（4）土质：土质应坚实，抗压性和透水性强，无污染，一般比较理想的是沙壤土。

（5）社会环境：交通、供电、饲料供应等方便，应距交通道路不少于100米，距交通主干道200米以上。牛场附近不应有超过90分贝噪声的工矿企业，周围不应有肉联、皮革、造纸、农药、化工等有毒、有污染危险的工厂。牛场不能对居民区造成污染，场周围没有严重的传染病。

（6）气象因素：在北方地区，不要将牛场建在西北风口处，要与主风向平行或在主风向的下风头。

（7）其他因素：山区牧场还要考虑建在放牧出入方便的地方。牧道不要与公路、铁路、水源相交叉，以避免污染水源和防止发生事故。场址大小、间隔距离应遵守卫生防疫的要求，牛场大小可根据每头牛所需面积160~200平方米来计算出，但要结合长远规划，留足发展用地。牛舍及房舍的面积为场地面积的10%~20%。最好能有一定面积的饲料地，以解决青饲料和青贮的问题，一般按每头成年牛2 500平方米计算。

（二）奶牛场布局

1. 奶牛场分区规划

根据牛场经营方式和集约化程度，场内布局一般分5个区，即管

21

理区、生产辅助区、生产区、粪便处理区、病牛隔离区。(见图3-1)

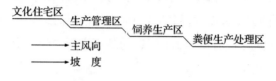

图3-1 奶牛场分区布局

(1)管理区:为全场生产指挥、对外联系等管理部门。应设在生产区的上风头,并与生产区严格隔离。

(2)辅助区:为全场饲料调制、贮存、加工、设备维修等部门。应设在管理区与生产区之间,其面积可根据要求而定。饲料库、干草棚、加工车间和青贮窖,应离牛舍近一些,但必须防止牛舍和运动场因污水渗入而污染草料。

(3)生产区:是牛场的核心,应设在场区的下风头,要能控制场外人员车辆,使其不能直接进入生产区,要最大限度保证安全、安静。大门口设立门卫、消毒室、更衣室和车辆消毒池。生产区牛舍应合理布局,如奶牛按泌乳牛群、干奶牛群、产房、犊牛舍、育成前期牛舍、育成后期牛舍顺序排列。各牛舍之间要保持适当距离,要求布局整齐,以便防疫和防火。奶牛场的挤奶厅要紧靠泌乳牛舍。

(4)粪尿污水处理区:粪尿处理要设在生产区的下风头,并尽可能远离牛舍,防止污水粪尿废弃物蔓延污染环境。

(5)病牛隔离舍:必须远离生产区,尸坑和焚尸炉距牛舍300~500米以上。病牛区应设单独通道,便于隔离,便于消毒,便于污物处理等。病牛管理区要四周砌围墙,设小门出入口,出入口设消毒池、专用粪尿池,严格控制病牛与外界接触,以免病原扩散。

2. 建筑物布局

(1)布局要求:牛舍应平行整齐排列,两墙端之间距离不少于

15米，配置牛舍及其他房舍时，应考虑便于给料给草、运牛运粪和运奶，以及适应机械化操作的要求。如果数栋牛舍排列时，每栋前后距离应根据饲养头数所占运动场面积大小来确定。如成年奶牛每头不少于20平方米，青年牛和育成牛不少于15平方米，犊牛不少于8~10平方米。

（2）配套建设：车库、饲料库、饲料加工应设在场门两侧，以方便出入。奶牛散放饲养时，成年奶牛休息棚应靠近挤奶厅。奶库应靠近成年奶牛舍或挤奶厅。兽医室、病牛舍建于其他建筑物的下风头。人工授精室设在牛场一侧，靠近成年奶牛舍，为工作联系方便不应与兽医室距离太远，授精室要有单独的入口。青贮窖、干草棚建于安全、卫生、取用方便之处，粪尿、污水池建于场外下风头。宿舍距离牛舍应在50米以上。牛舍之间应相隔60米（不可少于30米）。

（3）牛舍布局：应根据奶牛场整体的规划来周密考虑，确定牛舍位置，还要根据当地主要风向而定，以避免冬季寒风的侵袭，保证夏季凉爽。一般牛舍要安置在与主风向平行的下风头位置。北方需要注意冬季防寒保暖，南方应注意防暑和防潮，并且要求采光好。

二、奶牛场的设计与建造

在奶牛场的设计与建造中，我们有如下一些提醒：一个奶牛场的管理水平取决于平时的管理工作，但也受牛场设计的影响；奶牛场的设计与建造是一个系统工程，从布局到每个细节，从生产到环保，都要考虑实施节约成本；牛舍设计建设时，应考虑牛只舒适度和为提高劳动生产率采用的新技术新设备（如暂时不能实现机械化和自动化，在设计时应留有余地）。

（一）牛舍类型与设计

目前主要有两种牛舍类型，即拴系式和散放式。

1. 拴系式牛舍（颈枷式牛舍）

特点：除运动外，饲喂、挤奶等都在牛舍内进行，每头牛被固定于牛床上，单独或2头牛合用一个饮水器。

优点：在饲养管理上便于区别对待、个别饲养、人工授精、兽医防疫治疗等操作，母牛如有发情或不正常现象容易被发现。

缺点：劳动生产效率低，不利于推行机械化，劳动强度大，母牛的角和乳头容易受损伤。

（1）钟楼式：通风良好，但构造比较复杂，造价高，不便于管理。（见图3-2）

（2）半钟楼式：通风较好，但夏天牛舍北侧较热，构造同样复杂。（见图3-2）

（3）双坡式：造价低，可利用面积大，易施工，实用性强。加大舍内门窗面积，可增强通风换气，冬季关闭门窗有利于保温。（见图3-2）

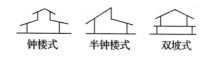

钟楼式　　　半钟楼式　　　双坡式

图3-2　奶牛舍建筑形式

拴系式牛舍结构：牛舍地面高于舍外地面；牛床高于中间过道3~5厘米，牛床前走道高于牛床5厘米。牛床上设隔栏杆，隔栏杆高85厘米，由前向后倾斜，牛床后半部划防滑线，牛床坡度为1%。成年牛床长为1.85~1.95米，宽为1.2米；育成牛为1.75~1.85米，宽为1.1米；犊牛为1.3~1.65米，宽为0.7~1.0米。（见图3-3）

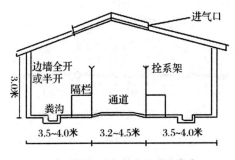

图3-3 拴系式对头双列式牛舍

2. 散放式牛舍(散栏式牛舍)

特点:奶牛除挤奶时采用拴系外,其余时间都不拴系,任其自由活动,包括在休息区、饲喂区、待挤区和挤奶区等。每头母牛床占地面积为1.5~2.0平方米。

优点:便于实行机械化、自动化,大大提高劳动生产效率和牛奶质量。便于推行TMR(全混合日粮饲喂技术)饲喂方法,有利于实施分群饲养管理。由于母牛是在挤奶厅集中挤奶,受饲料、粪便、灰尘的污染较少,能保持牛体清洁,并可提高牛奶质量。

缺点:不易做到个别饲养。

散放式牛舍排列形式根据布局不同,有单列式和双列式,双列式又分为双列对尾和双列对头两种。(见图3-4、图3-5、图3-6)。

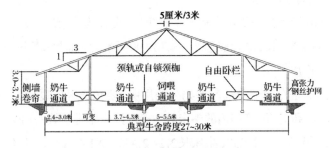

图3-4 对头四列式牛舍剖面图

25

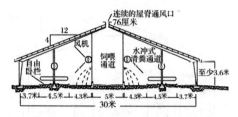

图3-5 四列式牛舍降温设备布置

（自由卧栏上方配置风机，采食通道上方配置

风机喷淋风机直径：风机间隔=1∶10）

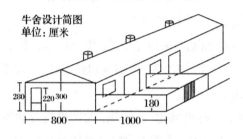

图3-6 牛舍设计简图

散放式牛舍结构：牛舍内设自由采食颈枷；自由卧栏式牛床为2列，头对头置于牛舍中间和两侧；成年牛卧栏长、宽、高分别为2.25米，1.2~1.25米，0.85米；育成牛为2.0米，1.1米，0.55米；犊牛为1.6~1.8米，0.7~1.0米，0.45米。

3. 哺乳犊牛舍

哺乳犊牛舍分单列式和单体式两种。设计为前沿高180厘米，后沿高165厘米，长170~180厘米，宽70~90厘米，地面为木条垫板。

4. 产房

产房是专门饲养围产期奶牛的用房。要求产房冬暖夏凉，舍内便于清洁和消毒。产房内的牛床数一般可按成年母牛数的10%~13%设置，采用双列对尾式，牛床长2.2~2.4米，宽1.4~1.5米，以便接产方便。

26

(二)奶牛养殖小区建设

在内蒙古等地的奶业发达地区,牛奶户在生产实践中创造了养殖小区的生产模式。养殖小区一般是以养殖户为单位,由奶业发展比较好的大户为龙头形成的饲养单元。小区的设计要整体布局合理、设备先进,配套一个挤奶厅和一个粪便无害化处理站。生产经营中,主要实行"统一防疫、统一挤奶、分户饲养",因此,解决了农村单户养殖的防疫、污染、科技含量低的问题。牛舍设计可参考拴系式或散放式,并有完善的服务手段,可以提高牛奶的质量和产量,减少环境污染。

1. 挤奶厅设计

挤奶厅是采用散放式饲养奶牛场和养殖小区的重要配套设备,它能提高牛奶质量和劳动效率。

(1)平面式挤奶厅:挤奶栏位的排列与牛舍相似,奶牛从挤奶厅大门进入厅内的挤奶栏里,由挤奶员套上挤奶器进行挤奶。

优点:造价较低。

缺点:挤奶员仍需弯腰操作,影响劳动效率。

(2)鱼骨式挤奶厅:挤奶台两排挤奶机的排列形状类似鱼骨样。挤奶台栏位一般按倾斜30°设计,这样就使得奶牛的乳房部位更接近挤奶员,有利于挤奶操作。投资较低,使用普遍。适用于中等规模的奶牛场。栏位根据需要可从2列×6头到2列×16头不等。

(3)转盘式挤奶厅:利用可转动的环形挤奶台进行挤奶。优点:奶牛可连续进入挤奶厅,挤奶员在入口处冲洗奶牛乳房,套奶杯,不需要来回走动,操作方便;每转一圈7~10分钟,转到出口处已挤完奶。劳动效率高,适用于大规模奶牛场。

2. 挤奶厅的附属设备

包括待挤区、机房、牛奶制冷间等。

(1)待挤区:就是将奶牛集中到一个区域内准备挤奶。一般待挤区设计为方形, 而且宽度不大于挤奶厅, 面积按每头牛1.6平方米设计。奶牛在待奶区内停留时间以不超过0.5小时为宜。待挤区地面应防滑、水泥地面、环境明亮、通风良好, 有3%~5%的坡度, 由低到高至挤奶厅入口。避免在挤奶厅入口处设置死角、门、隔墙或台阶、斜坡等, 以免造成阻塞。

(2)其他附属设备: 在挤奶台旁通常设有机房、牛奶制冷间、更衣室、卫生间等。

3. 收奶站建设

(1)建设要求: 收奶站要远离村庄, 水、电、交通方便, 周围无污染源, 地势高, 排污方便。

(2)基本建筑:

收奶站面积: 可根据周边奶牛数量和每天收奶量灵活掌握。如周边有奶牛500头和每天收奶量可达5吨左右的地区, 可以选择一个占地500~600平方米的场地。

房舍: 200平方米(其中值班室10平方米, 化验室10平方米, 贮奶间80平方米, 挤奶设备及消毒间等100平方米)。

挤奶厅: 200~300平方米。

待挤区: 100~200平方米。

地面要求:水泥地面, 场地要防滑、不积水、便于清洗。

(3)机械设备: 包括冷却罐、奶泵、发电机组、奶车、不锈钢保温隔热奶罐、磅秤等各种附件。

(三)奶牛舍建筑与设施要求

牛舍建筑, 要根据当地的气温变化和牛场生产、用途等因素来确定, 要符合兽医卫生要求, 做到科学合理, 就地取材, 经济实用。

1. 牛舍设计要求

温度为10~20℃, 相对湿度30%~40%。当环境温度高于30℃, 相对湿度大于85%时, 就会产生热应激, 对奶牛产生不利影响。要求牛舍和运动场保持干燥，排水畅通。为减少用水量及废水排放，可安装自动饮水器。由于冬春季节风向多为西北风，牛舍应为坐北朝南或朝东南方向。牛舍要有一定数量和大小的窗户，保证太阳光线充足和空气流通。房顶要有一定厚度，隔热、保温性能好。

2. 牛舍外部结构要求

屋顶设天窗。屋檐高度3.2~3.5米，东西山墙可装排风扇。南方地区，南北墙可全敞开。

3. 牛舍内部结构要求

基础：坚固、稳定。

墙壁：坚固结实、抗震、防水、防火，具有良好的保温、隔热性能，便于清洗和消毒。

屋顶：防雨、防沙，隔绝太阳辐射。

地面：要求致密坚实，不硬不滑，易清洗消毒。

门窗：要求人员、喂料车出入方便，符合通风透光的要求。

4. 隔栏要求

为了防止牛与牛相互侵占床位和便于管理，在牛床上设有隔栏，通常用弯曲的钢管制成。隔栏前端与墙或支架连在一起，后端固定在牛床的2/3处，栏杆高80厘米，由前向后倾斜。

5. 饲槽要求

饲槽位于牛床前，通常为统槽。饲槽长度与牛床总宽相等，饲槽底平面高于牛床，饲槽必须坚固、光滑、便于洗刷，槽面不渗水、耐磨、耐酸。饲槽尺寸可参考表3-1。

表3-1　奶牛饲槽尺寸　　　　　　　　单位：厘米

奶牛类型	槽上部内宽	槽底部内宽	前沿高	后沿高
成年奶牛	60~70	40~50	30~35	50~60
初孕和育成牛	50~60	30~40	25~30	45~55
犊牛	30~35	25~30	15~20	30~35

6. 饲喂通道

要求饲喂通道是为饲喂饲料而设置的通道，应便于机械化和TMR喂料操作。宽度为1.5~3.5米，坡度为1%。

7. 粪尿沟要求

拴系式牛舍，粪尿沟通常为明沟，沟底向出水处倾斜，沟宽为30~40厘米，深为5~18厘米，坡度为0.6%，一般应设在牛床与清粪通道之间。散放式牛舍不设粪尿沟，都使用刮粪板。

8. 门窗要求

成年牛门宽1.8~2.0米，高2.0~2.2米；犊牛门宽1.4~1.6米，高2.0~2.2米。牛舍窗户大小一般为占地面积的8%，窗口有效采光面积与牛舍占地面积相比，成年奶牛1：12，青年牛1：（10~14）。

（四）奶牛场牛舍外配套设施

奶牛场牛舍外配套设施包括运动场、围栏、遮阴棚、消毒池及粪尿池等。

1. 运动场

成年牛以每头20~25平方米为宜，育成牛为12~18平方米，犊牛为10~15平方米。要求平整、干燥，要有一定坡度（呈馒头形），四周设排水沟。运动场内设补饲槽、矿物质添加剂槽、饮水槽，并在饲槽、饮水槽周围铺设2~3米宽的水泥地面，向外要有一定坡度。运动场地面可用不同的材料铺成。

（1）水泥地面：由水泥、沙子混合而成，经压磨并做成一些花纹，以防滑跌。

优点：坚固耐用，便于清扫，使用年限长。

缺点：地面过硬，导热性强，冬凉夏热，易造成蹄病、关节炎。

（2）砖砌地面：有平铺与立铺两种。

优点：砖的导热性弱，具有一定的保温性能，冬暖夏凉。

缺点：易被奶牛踏坏，损伤牛蹄。

（3）土质地面：采用黄土或沙土铺垫运动场，容易造成泥泞，奶牛易患乳房炎及蹄病；还需要勤扫勤垫，费时费力。

（4）三合土地面：一般采用黄土、细炉灰或沙子、石灰以5:3:2混合而成。按一定的坡度要求（坡度为2%）铺垫夯实。三合土地面软硬适当，吸水散热性能好，可大大减少奶牛肢蹄病和乳房炎，是较理想的奶牛运动场。

（5）半土半水泥地面：在遮阴棚四周设水泥地面，其他均为三合土夯实地面，下雨、晴天时都可使用，让牛自由选择地面活动。造价低廉，也很实用。

2. 围栏与凉棚

围栏设在运动场周围，必须坚固，围栏高1.2~1.5米，每隔3米设一个栏柱。运动场还应设遮阴棚，每头牛需要5.5平方米，凉棚3~4米高，长轴线要东西朝向，棚顶要有较好的隔热层。

3. 青贮窖与草垛

青贮窖应建在牛场附近地势高燥处，地窖地面高出地下水位2米以上，窖壁平滑，可用水泥抹面，四角呈圆形。一般尺寸宽为3.5~4米，深为2.5~3米，长度由贮存量和地形而定。（见图3-7、图3-8）

图3-7　地下式青贮窖　　图3-8　半地下式青贮窖

贮存量的计算：一般1立方米容积可贮青玉米600~800千克，平均每头牛按每年10立方米计算。草垛应距离牛舍和其他建筑物50米以外，而且应设在下风头，以便于防火。

4. 饲料库与饲料加工车间

饲料库要靠近饲料加工车间，以方便运输。饲料加工车间应设在距离牛舍20~30米以外，最好牛场边靠近公路，可在围墙一侧另开一扇门，以便饲料取用。

5. 技术室

包括生产资料室、配种室、兽医室，要统筹安排。

6. 保健设施

保定架：用于日常检查，如人工授精、妊娠诊断、疾病检查、修蹄等。

蹄浴池：主要预防蹄病使用，其长为2米，深15厘米，设在进入挤奶厅前的过道上。

三、奶牛场公共卫生设施和环境保护

（一）公共卫生设施

1. 场界与场内的卫生防护设施

牛场四周建围墙或防疫沟。门口应设门卫和消毒池。门口消毒池尺寸：长3.5米（以车轮的周长而定），宽3米，深10厘米。人行过道消毒池：长2.8米，宽1.4米，深5厘米，池内设排水孔。

生产区出入口：设消毒池、员工更衣室、紫外线灯、消毒洗手池。

2. 场区的供排水系统

牛场的供水：包括生活用水、生产用水、灌溉和消防用水，水质符合NY5027—2008《无公害食品:畜禽饮用水水质》标准要求。

场内排水设施：排水系统应设置在各道路的两旁和运动场周边，多采用斜坡式排水沟。场区内应具有能承受足够大负荷的排水

系统,并不得污染供水系统。

（二）养牛场环境保护

主要防止养牛场本身对周围环境的污染,还要避免周围环境对养牛场的危害。

1. 牛场绿化

绿化植物具有吸收太阳辐射,降低环境温度,减少空气中尘埃和微生物,减弱噪音等保护环境的作用。其种类有:

防护林:场区四周种植,多以乔木为主。注意缺空补栽,维持美观。

路边绿化:在道路两旁和牛场各建筑物四周都应绿化,多以乔木为主。

遮阴林:树林种植在运动场周围,舍前舍后,注意不影响通风采光,多以灌木为主。

2. 牛粪收集与转运

牛场牛粪处理形式有固态和液态两种形式。奶牛场的牛粪处理形式既有固态又有液态,拴系式饲养多为固态,散放式饲养多为液态。运输方式有交通工具运输和管道运输两种。

3. 妥善处理粪污,防止蚊虫滋生

牛粪如果不及时清理或集中堆积在粪尿池内,就会滋生蚊蝇,产生臭气,同时雨水冲洗产生的污水,也会污染大门水源。所以应定时清除粪便和污水,保持环境清洁、干燥。经常注意填平沟渠洼地,使用化学杀虫剂灭蚊蝇。

四、规模化奶牛场粪尿污水处理及利用

（一）牛粪的处理方法

（1）堆积发酵处理:是利用各种微生物的活动来分解粪中的有

机成分,可以有效地提高有机物质的利用率,同时也可杀灭病原体。主要方法有充氧动态发酵、堆肥处理、堆肥药物处理。可以把尿素、碳酸氢铵(或硝酸铵、氨水)、敌百虫,以及辣椒秆、烟草梗、蓖麻叶等栽培植物加入,加入这些成分可以在短时间内杀灭粪便内的病原体。

(2)牛粪的有机肥加工:主要利用微生物发酵技术,将牛粪经过多重发酵,使其完全腐熟,并彻底杀死有害病菌,使粪便成为无臭、完全腐熟的活性有机肥,从而实现牛粪的资源化、无害化、无机化。经过这种加工的牛粪广泛应用于农作物种植、城市绿化以及家庭花卉种植等。其生产技术工艺路线如下:

以牛粪为原料收集于发酵车间内 → 接种微生物发酵菌剂 → 通氧发酵脱臭、脱水 → 加入配料平衡氮磷钾 → 粉碎 ┬ 包装(粉状肥)
└ 制粒 → 包装(颗粒肥)

(3)生产沼气:利用牛粪有机物在高温(35~55℃)厌氧条件下经微生物降解可生成沼气,同时也杀灭了牛粪中的有害病原菌。其中沼气可用于发电、供暖、照明等,而沼渣可用做肥料,沼液可用于灌溉农田、蔬菜等。

(二)污水的处理与利用

1. 物理处理法

(1)固体分离法:先将牛舍清扫干净,然后再用水冲洗。这样做,既减少了用水,又减少了污水中化学耗氧量。

(2)沉淀法:由于污水中的悬浮固体密度大,使其在重力作用下自然下沉,与污水分离,称为沉淀法。

(3)过滤法:主要是使污水通过带有空隙的过滤器使水变得澄清的过程。

2. 化学处理法

34

（1）混凝沉淀法：用三氯化铁、硫酸铝、硫酸亚铁等混凝剂，使污水中悬浮物和胶体物质沉淀而达到净化污水的目的。

（2）化学消毒法：在各种消毒方法中，以次氯酸消毒法最经济、有效。

3. 生物处理法

（1）氧化塘（生物塘）：是使塘内的有机物通过好氧细菌氧化分解处理的一种方法。投资少，但管理不好易滋生蚊蝇。

（2）活性污泥法：利用无数细菌、真菌、原生动物和其他微生物与吸附的有机物、无机物组成的絮状物称为活性污泥。它的表面有一层多糖类的黏质层，对污水中的一些物质有强烈的吸附作用和絮凝能力。在有氧的条件下，其中的微生物可对有机物发生强烈的氧化和分解。

传统的活性污泥需建初级沉淀池、曝气池和二级沉淀池。即污水→初级沉淀池→曝气池→一级沉淀池→出水，将沉淀下来的污泥一部分回流入曝气池，剩余的进行脱水干化。

（三）粪便污水的综合生态工程处理

工程由沉淀池→氧化沟→漫流草地→养鱼塘等组成。

通过微生物→植物→动物→菌藻的多层生态净化系统，使污水得到净化。净化的水达到国家排放标准，可排放到江河，回归自然或直接用于冲刷牛舍等。

第四章　奶牛常用饲料及其加工调制

　　饲料是发展奶牛生产的物质基础。为了科学合理地利用饲料及日粮配合，了解奶牛的常用饲料种类和营养特性是非常重要的。在奶牛饲养中，对奶牛饲料进行适宜的加工调制，可提高饲料的适口性，改善饲料在瘤胃发酵程度，消除饲料中的抗营养因子，提高饲料的利用率。此外，科学地选择饲料和日粮配合，对奶牛生产性能的提高、产品品质的改善和安全生产也具有重要意义。

一、常用饲料及营养价值

　　奶牛常用的饲料，包括青绿饲料、青贮饲料、粗饲料、能量饲料、蛋白质饲料、矿物质饲料、维生素饲料和饲料添加剂等。现将奶牛常用饲料的性质和饲养效果介绍如下。

（一）青绿饲料

　　青绿饲料是指天然水分含量在60%以上的青绿多汁植物性饲料，常见的有天然牧草、栽培牧草、树叶类饲料、叶菜类饲料、水生饲料等。这些饲料水分含量高，粗蛋白质、维生素、矿物质含量比较丰富，品质优良，对奶牛的生长有良好的作用。

　　1. 天然草地牧草

　　天然草地牧草主要有禾本科、豆科、菊科和莎草科四大类。以干物质来计算，天然牧草的无氮浸出物（包括淀粉、可溶性单糖、双糖,一部分果胶、木质素、有机酸、鞣酸、色素等)含量在40%~50%;粗蛋白质豆科牧草含量较高,达15%~20%;菊科、莎草科牧草含量为13%~20%。天然草地牧草矿物质含量一般钙高磷少,其中豆科牧草含钙量更高,说明豆科牧草营养价值最高。禾本科牧草虽然营养价值较低,但产量高,再生能力强,适口性好,也是一类较好的牧草。菊科牧草一般具有异味,奶牛不喜欢采食。

2.青饲作物和栽培牧草

(1)青饲玉米、高粱:在禾本科青绿饲料中,以青饲玉米品质最好,老化晚,饲用期长,收获晚,产量高,柔软多汁,适口性好。青饲高粱也是奶牛的好饲料,特别是甜高粱。

(2)青饲大麦、燕麦:青饲大麦是优良的青绿多汁饲料,生长期短,再生力强。通常于孕穗至开花期收割饲喂。开花期以后老化,品质下降。燕麦叶多茎少,叶宽长,适口性好,是一种很好的青绿饲料。收获期对营养成分影响不大,从乳熟期至成熟期均可收获。

(3)黑麦草:特点是生长快,茎叶柔软光滑,品质好,适口性也好,一年可进行多次收割,饲喂奶牛应在抽穗前或抽穗开花期收割。按干物质计算,多年生黑麦草每千克含能量6.69兆焦(产奶净能:兆焦/千克干物质),粗蛋白质17.3%,粗纤维25%,钙0.78%,磷0.25%,是禾本科牧草中可消化物质含量最高的一种牧草。

(4)无芒雀麦:属于多年生草本植物,抗旱、耐寒、耐碱。由于再生能力强,耐践踏,所以适于放牧利用。适时收割营养价值接近豆科牧草。按干物质计算,每千克含能量6.77兆焦,粗蛋白质27.9%,粗纤维23%,钙0.64%,磷0.34%。

(5)苜蓿:为豆科多年生草本植物,品质好,产量高,不论青喂还是干喂适口性都很好。苜蓿粗蛋白含量高,而且消化率可达70%~80%,富含多种维生素和微量元素。另外,苜蓿一年可收割几茬,但苜蓿茎木质化比禾本科草早而且快。通常认为有1/10~1/2植株开花时,收割最为适宜。

(6)草木樨:既属优良豆科牧草,又属重要的水土保持和蜜源植物。草木樨做饲料可青喂、青贮,也可供放牧用,还可晒成干草。按干物质计算每千克含能量4.18兆焦,粗蛋白质19%,钙2.74%,磷0.02%。草木樨保存不当容易发生霉烂,霉烂时可使所含的维生素K失效,长期饲喂不利于止血,当动物发生外伤,或进行去势、去角时,可能造成血流不止,严重时还会引起动物死亡。

(7)紫云英:鲜嫩多汁,适口性好,产量较高。一般以现蕾花期或盛花期收割较好。营养价值以干物质计算,每千克含能量6.9兆焦,粗蛋白质22.3%,粗纤维19.2%,磷0.53%,钙1.38%。饲喂时进行适宜的加工调制,可提高饲料的适口性,改善饲料的瘤胃发酵特性,提高饲料的利用率。此外,鸡脚草、牛尾草、羊草、皮碱草、象草、苏丹草、三叶草、金花菜、毛苕子、沙打旺等鲜草,既可直接饲喂奶牛,也可以调制成干草或制作青贮。

3.叶菜类及多汁饲料

(1)聚合草:属多年生草本植物,是一种以叶为主的饲草作物,具有产量高,适应性强,利用期长,营养丰富等特点。牛喜欢采食。按干物质计算,每千克含能量4.98兆焦,粗蛋白质24.3%,粗纤维29.1%,钙1.98%,磷0.34%。

(2)饲用甜菜:干物质中主要是糖类,蛋白质1%~2%,纤维少,适口性好,但硝酸盐含量较多。因此,熟喂时,不应放置过久,以防奶牛发生中毒。一般饲喂时洗净切碎,喂量每天每头奶牛30~40千克。

(3)非淀粉根茎类:主要包括胡萝卜、菊芋、蕉藕等。该类饲料产量高,耐贮存;水分含量高,粗纤维、粗蛋白质、维生素含量低

（除胡萝卜外），是提高产奶量的重要饲料。胡萝卜含有丰富的胡萝卜素，一般多作为冬天补充饲料，干物质13%左右，含糖较多，纤维素较少，蛋白质含量低，是奶牛的优质饲料。一般喂量每天每头奶牛最高25千克。

（4）瓜类饲料：水分最多，为90%~95%。干物质中，含糖和淀粉较多，纤维素较少，黄色瓜类富含胡萝卜素，也是促进奶牛提高产奶量的极好饲料。一般用于饲喂奶牛的多是南瓜。

4. 糟渣类饲料

糟渣类饲料是指酿造、淀粉及豆制品加工行业的副产品。主要特点是水分含量高，为70%~90%，干物质中蛋白质含量为25%~33%，B族维生素丰富，还含有维生素B_{12}及一些有利于动物生长的其他成分。

（1）啤酒糟：啤酒糟中含水分75%以上，干酒糟中蛋白质为20%~25%。体积大，纤维含量高，可用做奶牛日粮。用量以鲜啤酒糟每天每头奶牛不超过10~15千克，干啤酒糟不超过精料的30%为宜。

（2）白酒糟：因制酒原料不同，营养价值也不同，干酒糟蛋白质含量一般为16%~25%。由于白酒糟中含有一些残留的酒精，对奶牛不宜多喂，一般每天饲喂7~8千克，最高不超过10千克。

（3）豆腐渣、粉渣：豆腐渣是豆科子实类加工后的副产品，干物质中粗蛋白质含量在20%以上，粗纤维比较高，缺乏维生素，消化率也较低。这类饲料水分含量高，一般不宜存放过久，否则极易被霉菌及腐败菌污染，发生变质。

5. 树叶类饲料

（1）紫穗槐叶、刺槐叶：紫穗槐叶含粗蛋白质23.2%，粗脂肪5.01%，无氮浸出物39.3%，钙1.76%，磷0.31%；刺槐叶含粗蛋白质

19.1%、粗脂肪5.4%、无氮浸出物44.6%、钙2.4%、磷0.03%。两者都富含多种维生素（尤其胡萝卜素和维生素B_2较高）。一般春天采集较好，夏天次之，秋天较差。北方可在7月底、8月初开采，最迟不超过9月上旬。

（2）苹果树叶、橘树叶、桑叶：苹果树叶来源广，价值高，含粗蛋白质9.8%、粗脂肪7%、粗纤维8%、无氮浸出物59.8%、钙0.29%、磷0.14%。橘树叶粗蛋白质含量较高，比稻草高3倍。每千克橘树叶约含维生素C 151毫克，并含单糖、双糖、淀粉和挥发油，所以具有舒肝、通气、化痰、消肿解毒等作用。长期饲喂可有效地预防一些疾病。鲜桑叶含粗蛋白质4%、粗纤维6.5%、钙0.65%。桑树枝、叶营养价值接近，适宜新鲜食用，否则营养价值下降。

（3）松叶：主要指马尾松、黄山松、油松以及桧、云杉等树的针叶。马尾松针叶含粗蛋白质6.5%~9.6%、粗纤维14.6%~17.6%、钙0.45%、磷0.02%~0.04%，富含维生素、微量元素、氨基酸等。一般在每年11月至来年3月采集较好，其他时间因针叶含脂肪和挥发性物质较多，容易对奶牛胃肠道和泌尿器官造成不良影响。

（二）粗饲料

粗饲料是指干物质中粗纤维含量在18%以上的饲料，包括青干草、秸秆及秕壳等。

1. 干草

它是青绿饲料在尚未结籽以前收割，经过日晒或人工干燥而制成的，它较好地保留了青绿饲料的养分和绿色，是奶牛的重要饲料。优质干草叶多，适口性好，蛋白质含量较高，胡萝卜素、维生素D、维生素E及矿物质丰富。不同种类的牧草质量不同，粗蛋白质含量禾本科干草为7%~13%，豆科干草为10%~21%，粗纤维含量约为20%~30%，所含能量为玉米的30%~50%。

2. 秸秆

农作物收获子实后的茎秆、叶片等统称为秸秆。秸秆中粗纤维含量高,可达30%~45%,其中木质素多,一般为6%~12%。单独饲喂秸秆时,牛瘤胃中的微生物生长繁殖受阻,影响饲料的发酵,难以满足奶牛对能量和蛋白质的需要。秸秆中不但能量含量低,而且还缺乏一些必需的微量元素,除维生素D外,其他维生素也很缺乏,所以利用率极低。

(1)玉米秸:玉米秸粗蛋白质含量为6%左右,粗纤维为25%左右,同一株玉米秸的营养价值上部比下部高,叶片较茎秆高。玉米穗苞叶和玉米芯的营养价值最低。

(2)麦秸:营养价值低于玉米秸。其中木质素含量很高,含能量低,消化率低,适口性差,是质量较差的粗饲料,该类饲料不经过处理,对奶牛没有多大营养价值。

(3)稻草:是我国南方地区的主要粗饲料来源。粗蛋白质含量为2.6%~3.2%,粗纤维21%~33%;能值低于玉米秸、谷草,优于小麦秸;钙、磷含量都低。

(4)谷草:质地柔软,营养价值较麦秸、稻草高。在禾本科秸秆中,谷草品质最好。

(5)豆秸:指豆科秸秆。由于大豆秸木质素含量高达20%~23%,所以消化率极低,对奶牛营养价值不大。但与禾本科秸秆相比,粗蛋白质含量和消化率较高。在豆秸中,蚕豆秸和豌豆秸的品质较好。

3. 秕壳

它是指子实脱离时分离出来的夹皮、外皮等。营养价值略高于同一作物的秸秆,但稻壳和花生壳质量较差。

(1)豆荚:含粗蛋白质5%~10%,适于喂肉牛。大豆壳(大豆加工中分离出的种皮）营养成分粗纤维为38%，粗蛋白12%，能量7.49兆焦／千克，几乎不含木质素，所以消化率高，对于奶牛其营养价值相当于玉米等谷物。

（2）谷类皮壳：包括小麦壳、大麦壳、高粱壳、稻壳、谷壳等，营养价值低于豆荚，谷类皮壳中稻壳的营养价值最差。

（3）棉籽壳：含粗蛋白质为4.0%～4.3%，粗纤维41%～50%，能量8.66兆焦／千克。棉籽壳虽然含棉酚0.01%，但对奶牛影响不大。喂时用水拌湿后加入粉状精料，搅拌均匀后饲喂，喂后供给足够的饮水。喂小牛时最好喂一周，更换其他粗料一周，以防棉酚中毒。

（三）青贮饲料

将新鲜的青绿多汁饲料在收获后，经过适当的处理，切碎、压实、密封于青贮窖、壕或塔内，在厌氧环境下，饲料内的乳酸菌大量繁殖，能有效地抑制霉菌和腐败菌的生长，当pH（酸碱度）降到4～4.2以下时，即可把青饲料中的养分长时间地保存下来。这样制造出来的饲料就叫做青贮饲料。青贮饲料的营养价值因青贮原料不同而异，其共同特点是由非蛋白氮（如尿素、缩脲、铵盐）组成，且酰氨和氨基酸的比例较高，大部分淀粉和糖类分解为乳酸，粗纤维质地变软，胡萝卜素含量丰富，酸香可口，具有轻泻作用。青贮饲料是奶牛的理想饲料，已成为日粮中不可缺少的部分，在生产中常用的青贮饲料有玉米秸青贮和全株玉米青贮等。

（四）能量饲料

能量饲料是指干物质中粗纤维含量在18%以下，粗蛋白质含量在20%以下的饲料，是奶牛能量的主要来源。主要包括谷实类、糠麸类及块茎类等。

1. 谷实类饲料

主要有玉米、小麦、大麦、高粱、燕麦、稻谷等。这类饲料是奶牛的主要能量饲料,其主要特点是能量含量高,粗蛋白质含量低,粗纤维含量也低,钙低磷高,钙、磷比例不当。

(1)玉米:玉米被称为"饲料之王",含能最高,胡萝卜素含量丰富,蛋白质含量8.5%左右,缺乏赖氨酸和色氨酸,钙、磷都少,而且比例不当。玉米是一种理想的过瘤胃淀粉来源。

(2)高粱:能量仅次于玉米,蛋白质含量略高于玉米。高粱在瘤胃中吸收和消耗率低,因含有鞣酸,适口性差。用量一般为玉米的80%~95%。与玉米配合使用效果增强,可提高饲料的利用率,但要注意用高粱喂奶牛易引起便秘。

(3)大麦:蛋白质含量高于玉米,品质也好,赖氨酸、色氨酸和异亮氨酸含量均高于玉米;粗纤维较玉米高,能量不如玉米;富含B族维生素,但缺乏胡萝卜素和维生素D、维生素K、维生素B_{12}。用大麦饲喂奶牛,可改善牛奶、黄油和体脂肪的品质。

(4)小麦:与玉米相比,能量较低,蛋白质及维生素含量较高,缺乏赖氨酸,含B族维生素及维生素E较多。小麦的吸收和消化利用不如玉米,一般奶牛饲料中的比例以不超过50%为宜,并以粗粉碎和压片效果最佳,不能整粒饲喂,也不能粉碎得过细。

(5)燕麦:总的营养价值低于玉米,但蛋白质含量较高,约为11%,粗纤维含量较高,为10%~13%,能量较低,富含B族维生素,脂溶性维生素和矿物质较少,钙少磷多。燕麦是奶牛的极好饲料,喂前应适当粉碎。

2. 糠麸类饲料

糠麸类饲料为谷实类饲料的加工副产品,主要包括麸皮、稻糠等。其特点是含能量低,含钙少而磷多,含有丰富的B族维生素,胡萝卜素及维生素E含量较少。

(1)麸皮:包括小麦麸和大麦麸等,其营养价值因麦类品种和出粉率的高低而变化。粗纤维含量较高,属于低能量饲料。大麦麸在能量、蛋白质、粗纤维含量上均优于小麦麸。麸皮具有轻泻作用,质地膨松,适口性较好。

(2)米糠:米糠的有效营养成分变化较大,随含壳量的增加而降低。粗脂肪含量高,易在微生物及酶的作用下发生酸败。为便于保存米糠,可经脱脂生产米糠饼。经榨油后的米糠饼脂肪和维生素含量减少,但其他营养成分基本被保留下来。奶牛饲料中的比例可达20%,脱脂米糠用量可达30%。

(3)其他糠麸:主要包括玉米糠、高粱糠和小米糠等,其中以小米糠的营养价值最高。高粱糠的消化能较高,但因含有鞣酸,适口性差,易引起便秘,应限制使用。

3. 块茎类饲料

块茎类饲料种类很多,主要包括甘薯、马铃薯、木薯等。按干物质中的营养价值来考虑,属于能量饲料。

(1)甘薯:也称红薯、白薯、地瓜、山芋等,是我国主要薯类之一。甘薯富含淀粉,粗纤维含量少,热能低于玉米,粗蛋白质及钙含量低,多汁味甜,适口性好,生熟均可饲喂。在平衡蛋白质和其他养分后,可取代奶牛日粮中能量来源的50%。千万注意:用有黑斑病的甘薯喂奶牛,可使奶牛患喘气病,严重者甚至死亡。

(2)马铃薯:又称土豆,盛产于我国北方,产量较高,成分特点与其他薯类相似。与蛋白质饲料、谷实饲料混喂效果较好。马铃薯贮存不当发芽时,含有龙葵素,采食过量会导致奶牛中毒。因此,马铃薯要注意保存,若已发芽,饲喂时一定要清除皮和芽,并进行蒸煮。

4. 糖蜜

按原料不同,可分为甘蔗糖蜜、甜菜糖蜜、柑橘糖蜜及淀粉糖蜜。其主要成分为糖类,蛋白质含量较低,矿物质含量较高,维生素含量低,水分含量高,能量低,具有轻泻作用。饲喂奶牛时,可占日粮比例的5%~10%。

（五）蛋白质饲料

它是指干物质中粗纤维含量在18%以下,粗蛋白质含量为20%以上的饲料,主要包括饼粕类及其他植物性蛋白质饲料。我国规定,禁止使用动物性蛋白质饲料饲喂反刍动物,以严格防范疯牛病和其他的朊病毒病在我国发生。

1. 大豆饼粕

粗蛋白质含量为40%~50%,而且品质较好,赖氨酸含量高,但蛋氨酸不足。大豆饼粕可替代犊牛代乳料中部分脱脂乳,并对处于不同生理阶段的奶牛都有良好的效果,是饼粕类蛋白质饲料中质量最好的饲料。但生大豆、生豆粕中含有抗营养因子(如胰蛋白酶抑制因子、凝集素、皂角素、脲酶等),这些抗营养因子可影响奶牛对营养物质的吸收利用,因此生大豆及加热不足的豆粕不能直接饲喂奶牛。一般经110℃ 3分钟湿热处理后,抗营养因子的活性都可消失。通常在饲料中比例为30%左右为宜。

2. 棉籽饼粕

由于棉籽脱壳程度及制油方法不同,其营养价值差别很大。完全脱壳的棉仁制成的棉仁饼粕,含粗蛋白质可达40%~44%;而不脱壳的棉籽直接榨油生产出的棉仁饼粕,含粗蛋白质仅为20%~30%,粗纤维含量达16%~20%,带有一部分棉籽壳的棉仁(籽)饼粕蛋白质含量为34%~36%。棉籽饼粕蛋白质的品质不太理想,赖氨酸较低,蛋氨酸也不足。另外,棉籽饼粕中含有对奶牛有害的游离棉酚,奶牛如果饲喂过量(日喂8千克以上)或饲用时间过长,可导致中毒。

3. 花生饼粕

饲用价值随含壳量的多少而有不同，脱壳后制油的花生饼粕营养价值较高，仅次于豆粕，其能量和粗蛋白质含量都较高，粗蛋白质含量可达44%~48%，但氨基酸组成不好，赖氨酸含量只有大豆饼粕的一半，蛋氨酸含量也较低。带壳的花生饼粕粗纤维含量为20%~25%，粗蛋白质及能量相对较低。

4. 菜籽饼粕

菜籽饼粕能量低，适口性较差，粗蛋白质含量为34%~38%，矿物质中钙和磷的含量均高，特别是硒含量为1.0毫克/千克。菜籽饼粕中含有硫葡萄糖苷、芥酸等毒素。在奶牛日粮中应控制在20%以下。

5. 胡麻饼粕

胡麻饼粕蛋白质含量为32%~36%，蛋白质质量不如豆粕和棉粕，赖氨酸、蛋氨酸含量低。胡麻饼粕中的抗营养因子包括生氰糖苷、麻籽胶、抗维生素B_6。其中生氰糖苷在胡麻酶作用下，生成氢氰酸，具有毒害作用。在饲喂时，通过高温脱毒，才能安全使用。因此，在奶牛饲料中不宜添加过多，一般成年奶牛饲料中的比例不超过18%为宜。

6. 玉米蛋白粉

玉米蛋白粉是玉米除去淀粉、胚芽及玉米外皮后剩余部分，蛋白质的含量为25%~60%，蛋白质的利用率也较高，由于其比重大，应与其他体积大的饲料搭配使用。一般奶牛精料中可使用5%左右。

7. 玉米胚芽饼

它是玉米胚芽提取油脂后的残渣，粗蛋白含量在20%左右。由于价格较低，蛋白质品质好，近年来在饲养奶牛的日粮中应用较多，一般奶牛精料中可使用15%。

(六) 矿物质饲料

矿物质饲料包括钙、磷、食盐等。

1. 食盐

主要成分是氯化钠,用其补充植物性饲料中钠和氯的不足,还可以提高饲料的适口性,增加食欲。奶牛喂量为精料的0.5%~1%。日粮含食盐较高时,奶牛饮水量加大,粪便变稀,牛舍内湿度提高,但一般对奶牛无不良影响。如食盐喂量过多,饮水不足,可出现食盐中毒。

2. 石粉、贝壳粉

这是廉价的钙源,含钙量分别为38%和33%左右,是补充钙营养的最廉价的矿物质饲料。

3. 磷酸氢钙

为白色或灰白色粉末,钙的含量不低于23%,磷含量不低于18%。钙、磷利用率高,是优质的钙、磷补充饲料。为了预防疯牛病,奶牛日粮中严格禁用动物性饲料骨粉、肉骨粉、血粉等。

二、奶牛的特种饲料及添加剂

(一) 非蛋白含氮饲料

所谓非蛋白含氮饲料,是指尿素、缩脲、铵盐等,它们在反刍动物瘤胃内的主要作用,是为细菌生长提供氮的来源。非蛋白含氮饲料部分可代替蛋白质饲料。以尿素为例:其含氮量为44%时,每千克尿素相当于2.8千克粗蛋白质,或相当于6.8千克大豆饼的粗蛋白质含量。尿素本身并无能量价值,但它在瘤胃中溶解度很高,可很快转化成氨,氨可被利用。需要注意的是,瘤胃微生物对尿素的利用有一个逐渐适应过程,而且利用效果受许多因素的影响,主要有以下几

个方面:

(1)瘤胃中必须有一定数量的易溶性碳水化合物,以作为细菌蛋白合成的能源。通常,每喂100克尿素至少应供应1 000克易溶性碳水化合物,而其中2/3应为淀粉,1/3为可溶性糖。

(2)瘤胃中必须有适量饲料蛋白质,是促进细菌蛋白合成的重要条件。一般在蛋白质水平为9%~12%时,非蛋白氮可得到细菌最有效的利用;如超过18%时,则非蛋白质含氮物转化为细菌蛋白的效率将明显下降。此外,还应控制日粮总氮和非蛋白氮的比例,以占总氮量的25%~35%为宜。饲喂尿素最高剂量(每日每头)奶牛(6月龄以上)40~50克,产奶期不宜使用。

(3)瘤胃中必须具有一定浓度的矿物质,才能保证瘤胃细菌的正常生长、增殖。平衡日粮中钙、磷、钠、硫、钴等矿物质,是提高非蛋白质含氮物化合物利用效率的重要因素之一。饲喂尿素的同时应供给硫,可改善瘤胃细菌对尿素的吸收利用,氮与硫之比以(10~14):1为宜,因为尿素不含硫元素。

(4)维生素A和维生素D是保持瘤胃细菌正常活性的重要营养因素。这些维生素供应不足,会影响瘤胃细菌的活性,对尿素的利用产生不利作用。

(5)注意氨中毒。代替日粮蛋白的尿素,用量应逐渐增加,需要2~4周时间作为适应期。瘤胃内微生物分解非蛋白氮的速度比合成蛋白质的速度快4~10倍。因此,必须添加脲酶抑制剂,使尿素缓慢分解,延缓非蛋白氮的分解速度,为微生物提供充分利用氨合成蛋白质的时间,否则尿素利用率低,饲用效果差,甚至造成中毒。

(二)油脂

油脂是指动物或植物油,其主要作用是提供能量,减缓奶牛在泌乳早期出现能量负平衡,还可避免饲喂高精饲料引起的瘤胃酸中毒。

奶牛日粮中添加油脂,可利用效率比蛋白质和碳水化合物高5%~10%。目前研究认为,奶牛低脂肪日粮补充油脂时,可提高饲料能量的转化率。但当油脂添加量超过饲料比例的5%时,会影响粗纤维的消化率,这可以通过添加保护性脂肪来缓解,最常用的是脂肪酸钙,它能提高奶牛的生产性能,而且也能改善牛奶品质。

值得注意的问题是,要严格防止以反刍动物油脂(特别是牛油)为原料的油脂饲喂奶牛。

(三)微量元素添加剂

奶牛需要补充的微量元素有铁、铜、锰、锌、碘、硒、钴等7种。目前我国常用的微量元素添加剂主要还是无机盐类。日粮中添加微量元素除了要考虑微量元素的化合物形式,还要考虑各种微量元素之间存在的拮抗和协同的关系。如日粮中锰的含量较低时,会造成动物体内硒水平下降;日粮中钴、硫的含量,与动物体内硒的含量呈负相关。

目前研究表明,国内外研发较快的微量元素–氨基酸螯合物是一种较理想的添加剂。这种螯合物,其所含微量元素接近于动物体内的天然形态,化学稳定性好,生物学效价较高,溶解性高,易于消化吸收,无刺激、无毒害,目前被认为是一种较理想的添加剂。服用后,能使奶牛被毛光亮,并且能治疗犊牛肺炎、腹泻等疾病。例如,用氨基酸螯合锌、氨基酸螯合铜加维生素C饲喂犊牛,可治疗犊牛沙门菌感染;日粮中添加蛋氨酸锌,每天每头牛产奶量能提高1.55千克,牛奶中体细胞数下降32.1%;另外还有报道,饲料中添加蛋氨酸螯合锌,可减少奶牛腐蹄病的发生。

(四)阴离子盐

所谓阴离子是指带负电荷的电解质,主要有氯、硫、磷等。添加阴离子盐,如氯化铵、硫酸镁等,可以有效地增加血液中游离钙的浓度，从而减少产后奶牛瘫痪病的发生。同时，奶牛尿液的pH也将控制在5.5~6.5。因此，可以通过检测尿液的pH值，来观察应用阴离子盐的效果。

一般来说，阴离子盐日粮要在干奶后期（母牛产前21天）饲喂，有利于提高下一个泌乳期的产奶量。但阴离子盐适口性不好，应与酒糟、糖蜜等饲料混合饲喂。

（五）维生素添加剂

1. 维生素A与β-胡萝卜素添加剂

在以玉米秸秆为主、无青绿饲料时，或饲喂高精料日粮，或饲料贮存时间过长时，饲料内都容易缺乏维生素A。在日粮中增加维生素A与β-胡萝卜素添加剂，可改善奶牛的繁殖性能和减少乳房炎的发生。如每天每头添加100毫克β-胡萝卜素，可减少牛奶中的体细胞数，也可减少母牛配种次数和空怀天数。

2. 维生素D

维生素D可以调节钙、磷的吸收。在饲喂高精料和高青贮日粮时，或以玉米秸秆为主、无青绿饲料时，奶牛容易缺乏维生素D，故应注意补充维生素D。

3. 维生素E

维生素E又叫生育酚，能促进维生素A的利用；其代谢又与硒有协同作用，缺乏时容易造成犊牛的白肌病。在犊牛瘤胃发育正常以前，维生素A、维生素D、维生素E不能由瘤胃微生物合成，必须由日粮中加以补充。

4. 胆碱

胆碱可防止奶牛脂肪肝的形成，改善神经传导功能。一般在奶牛体内，可以利用蛋氨酸、维生素B_{12}等原料合成胆碱。但对高产奶牛来说，机体内合成的胆碱不能满足需要，必须在日粮中添加补充。

实验表明,在奶牛泌乳初期日粮中添加过瘤胃保护胆碱0.156%,结果每天可提高产奶量2.2千克。

（六）缓冲剂

缓冲剂是一类能调整瘤胃酸碱度,中和胃酸,增进食欲,保证奶牛健康的化学物质。它能促使瘤胃微生物的正常生长,有助于提高奶牛的生产性能,并能控制奶牛乳脂率下降。在生产中常用的缓冲剂有碳酸氢钠、氧化镁、乙酸钠等。

1. 碳酸氢钠

碳酸氢钠主要作用是调节瘤胃酸碱度,增进食欲,提高奶牛对饲料的消化率,改善牛奶品质,提高产奶量。一般添加量占精料的1.5%。添加时应逐渐进行,避免造成牛采食量下降。

2. 氧化镁

氧化镁主要作用是维持瘤胃适宜的酸碱度,增强食欲,增加日粮干物质的采食量,有利于粗纤维和糖类的消化,也有助于提高乳脂率。一般添加量占精料的0.75%,氧化镁与碳酸氢钠同时使用效果更好,合用比例为（2~3）∶1。

3. 乙酸钠

乙酸钠的主要作用是为乳脂合成提供脂肪前体,促进脂肪沉积,动员脂肪酸供乳腺利用。一般添加量每千克体重为0.5克,产奶牛每天每头300~500克即可。在饲料中均匀混合后饲喂。

三、饲料的加工调制

（一）精饲料的加工调制

1. 粉碎与压扁

粉碎与压扁,是一种最常用的加工方法。一般粗粉可提高奶牛的适口性和唾液分泌量,增加反刍,粉碎的粒度以直径1~2毫米为宜。对谷粒饲料经蒸煮后，用压扁机压成1毫米厚的薄片，然后迅速干燥，用于饲喂，可提高奶牛的消化率。

2. 浸泡

对于豆类、油饼类、谷物等饲料，经过浸泡后，可吸收水分，变得膨胀柔软，饲喂时奶牛容易咀嚼，便于消化。另外浸泡后可以清除异味和毒素，从而提高适口性。

浸泡方法：用水泥池或缸等容器，把饲料用水拌匀，一般料水比为1∶(1~1.5)，判断拌湿的程度，以手握从指缝渗出水滴为准。通常，夏天现用现拌，冬天可以在头天晚上浸泡次日使用，以免引起饲料变质。

3. 制粒

将配合好的全价奶牛饲料，在蒸汽或增加水分的条件下，通过机械力的作用制成颗粒，这样可防止混合后饲料中各种养分的分离，或饲喂时有粉尘飞扬。

(二)粗饲料的加工调制

在奶牛生产中，使用最多的是粗饲料。对粗饲料，经过合理的加工、调制，可以改善其适口性，增加牛的采食量，防止浪费；可以保存营养物质，提高营养价值，避免过多损失；还可以提高养分利用率，除去有毒物质，防止奶牛中毒。加工、调制技术，包括青干草收割和调制、秸秆氨化、青贮和微贮、晾晒、贮存等。

1. 青干草收割和调制

(1)青干草的收割：青干草主要指苜蓿、羊草、天然牧草、红豆草、小冠花等。这些草的适时收割，要考虑单位面积产草量和营养价值两个基本因素。禾本科牧草的适宜收割期为抽穗期，豆科牧草在孕蕾及初花期收割为好。青干草干燥时间要短，需均匀一致，减少营养物质损失。另外在干燥过程中尽可能减少机械损失、雨淋等。

（2）青干草调制：优质青干草鲜绿、多叶、茎细嫩柔软，具有芳香气味，含水量为15%～17%。适时收割，合理晾晒和贮存，才能获得营养价值较高的优质青干草。

晾晒：牧草收割后必须有个晾晒过程，一般包括两个步骤，即先搂成行（草趟），然后集成松散的小垛。其中的关键是掌握好时机，以最大限度地保存干草的多叶、青绿芳香和适口。晾晒时间，应根据产草量、气温、阳光、风和空气湿度等情况而定。当草达到叶片已干和变脆，而茎秆尚未完全干燥，干草含水量降到40%左右时，就可以集成松散的小垛。到含水量降到20%以下时，如以散草形式贮存的话，就可以堆成大垛，将垛顶压紧封好，垛越大越有利于贮存。在晾晒过程中应注意，连续雨淋会造成干草发霉，曝晒时间过长，甚至有自燃发生火灾的危险。

目前大部分牧区实行机器打草并随时加工成压捆干草。由于干草与外界风、雨、阳光、空气的接触面缩小，使贮存期内的营养损失降低，因此应该大力提倡和推广压捆贮存干草的方法。

贮存：干草的贮存非常重要，即使调制最好的干草，如果贮存不当也会发霉变质，使养分消耗、含量降低，完全失去调制干草的意义。此外，贮存不当还会引起火灾。贮存的方法有草棚贮存和露天贮存两种。

草棚贮存量小，适合于干草用量不大的农场或农户。贮存时下面采取防潮措施，或设法使草垛离开地面30～50厘米，草垛上面与棚顶之间应有一定距离，以保持通风，干草可整齐地堆垛在棚内。

在无草棚的情况下，农牧区多采用露天贮存。露天贮存时，垛址应选在地势高而平的干燥处，不渗透雨雪水，排水良好，尽量避风或与冬季主风向平行，便于防火。同时，露天贮存地点距离牛舍要近，这样取用方便。垛底要高出地面30～50厘米，最好再在上面铺一层树枝、秸秆等; 垛底附近杂草及障碍物应清除掉, 以利防水、防火。根据贮存干草量的多少和干草的种类, 可选择不同的垛形, 这样既便于贮存, 又便于估算和取用。最常见的垛形有长方形和圆形两种。长方形草堆暴露面积小, 养分损失也相应少一些, 而且从一端取用不易倒塌, 遮盖方便。垛体沿长边方向略向外倾斜, 垛顶有一定坡度, 两边出檐, 使顶部水不能流入垛体内。顶部可抹上泥巴, 以防风吹雨淋。圆形草垛暴露面积大, 遭受雨雪、阳光侵袭面积大, 容易损失养分。但如果干草含水量稍高时, 圆形垛则有利于水分蒸散, 霉烂的危险性变小。

2. 玉米秸秆氨化

秸秆氨化技术是目前提高秸秆营养价值和利用率的有效方法之一, 其优点是节省能源、降低成本、易于推广。

(1)氨化原理: 秸秆中含氮量低, 秸秆氨化时与氨相遇, 其有机物就与氨发生氨解反应, 最终可使秸秆中的木质素、半纤维素和纤维素被解离出来, 这样可使秸秆质地柔软, 气味芳香, 适口性大大增强, 消化率提高。实验表明, 玉米秸秆氨化后, 其粗纤维消化率可提高21%, 秸秆的含氮量增加1~1.5倍, 牛的采食量可提高30%以上。

(2)场地选择: 场地选择的基本原则是, 地势较高、干燥, 土质坚硬, 地下水位低, 距离奶牛舍近, 贮取方便, 便于管理。可在地下挖一个土窖, 窖形一般为长方形或圆形, 地下或半地下, 大小根据要处理秸秆的量而定, 然后铺一层塑料薄膜; 也可用水泥建成永久性的窖。也可将秸秆堆成垛, 然后再覆盖一层塑料薄膜, 进行氨化。用量少的农牧户, 也可用大缸处理。

(3)制作方法: 将秸秆切成2~3厘米长, 并称重。根据秸秆的重量, 称取4%~5%的尿素, 配成尿素溶液, 用水量为风干秸秆重量的60%~70%（即每100千克风干秸秆，用4~5千克尿素，60~70千克水）。按照上述比例，将尿素溶液喷洒在秸秆中，并充分搅拌均匀，然后装入氨化池或堆垛，并踏实。最后用塑料布密封，周围用土封严，确保不漏气。

（4）处理温度和开封时间：氨化处理时间的长短与气温有关，气温越低，氨化所需时间就越长。氨化所需天数和温度的关系，可参照表4-1进行处理。

表4-1　氨化所需天数和温度的关系

处理温度（℃）	开封时间（天数）
0	60
<5	56
5~10	56~28
10~20	28~14
20~30	14~7
>30	5~7

（5）饲喂方法：饲喂前取出氨化秸秆，必须在阴凉通风处放置2~5天，待氨味挥发后再喂。第1次饲喂时应少量，待适应后，再逐渐加量。喂后半小时至1小时后才能饮水。

3. 秸秆微贮

在农作物秸秆中，加入秸秆发酵活杆菌（是一种微生物高效活性菌种），放入密闭容器内（如水泥窖、土窖、塑料袋），压实封严，这样经一个多月的发酵过程，就能使秸秆变成具有酸香味的优良饲料。这一技术，叫做秸秆微贮。秸秆微贮成本低，效益高。每吨微贮饲料只需3克秸秆发酵活杆菌。经大量生产实践证明，在同等饲养条件下，秸秆微贮优于其他处理方法。微贮处理过的秸秆，粗纤维的消化率可提高20%~40%。秸秆微贮的原理和制作步骤如下：

（1）微贮原理：秸秆加入发酵活杆菌，经封存一段时间后，在适宜的温度和厌氧环境下，秸秆发酵活杆菌可将木质素、纤维素、半纤维素等物质转化为糖类，糖类又经有机酸发酵，转化为乳酸和挥发性脂肪酸，饲喂后可使奶牛瘤胃微生物菌体蛋白合成量增加。

（2）制作步骤：

①菌种复活：先将3克秸秆发酵活杆菌溶入200毫升自来水中，在常温下静置1~2小时，使菌种复活。复活好的菌种必须当天用完。

②菌液配制：将复活好的菌种，倒入充分溶解的0.8%~1%的食盐水中拌匀。（见表4-2）

表4-2　秸秆微贮加料量

秸秆种类	秸秆重（千克）	发酵活杆菌用量（克）	食盐用量（千克）	水用量（千克）	微贮料含水量（%）
麦、稻草	1 000	3	9~12	1 200~1 400	60~70
黄玉米秸	1 000	3	6~8	800~1 000	60~70
青玉米秸	1 000	1.5	—	适量	60~70

③入窖：从窖底开始，将切成2~3厘米长的秸秆装入窖中，每铺放20~30厘米厚的秸秆，就均匀地喷洒一次菌液，使秸秆的含水量为60%~70%，然后压实。在最上层均匀撒上食盐，食盐用量为每平方米250克（其目的是确保微贮料上部不发生霉烂变质）。最后用塑料薄膜封顶，四周压严，上部用整捆秸秆或土压实。封顶1周内要经常查看窖顶变化，发现裂缝或凹坑，应及时处理，以防漏气，饲料腐败。经30天发酵后，就可饲喂。微贮饲料发酵时间在冬季稍长，在夏季发酵10天左右就可使用。

④饲喂：饲喂时可与其他草料混合，也可与精料同喂。饲喂时应有一段适应过程，逐渐增加饲喂量。

⑤注意事项: 用窖进行微贮时, 装满压实后, 微贮料直到高于窖口40厘米时为止, 然后铺上塑料薄膜, 上边盖大约40厘米厚的稻草或麦秸, 后盖土15~20厘米, 封严。

用塑料袋微贮, 用无毒聚乙烯双层塑料薄膜制成袋子, 薄膜厚度为0.8~1.0毫米。每袋装100~150千克原料。切碎的原料装袋时, 先将袋的底部两角填满压实, 然后分批少量加入, 层层压紧, 装满时用绳子扎紧袋口, 不要留有空隙。经常检查并对塑料袋严加保护, 一旦损坏立即修补。

4. 青贮技术

(1) 常用的青贮原料:

①青割带穗玉米: 玉米带穗青贮, 即在玉米乳熟后期收割, 将茎叶与玉米穗整株切碎进行青贮, 这样可以最大限度地保存蛋白、碳水化合物和维生素, 具有较高的营养价值和良好的适口性, 是奶牛的优质饲料。含粗蛋白质8.4%。

②青玉米秸: 收获果穗后的玉米秸上能保留1/2的绿色叶片, 应尽快青贮, 不应长期放置。如果秸秆叶片有3/4发黄则为青黄贮, 青贮时每100千克需加水5~15千克。

③各种青草: 各种禾本科青草所含的水分与糖分都适宜于制作青贮饲料。豆科牧草如苜蓿因含粗蛋白质高, 可制成半干青贮或混合青贮。禾本科草类在抽穗期, 豆科草类在孕蕾期或初花期收割为好。

另外, 甘薯蔓、白菜叶、萝卜叶等都可作为青贮原料, 但应将原料适当晾晒到含水分60%~70%, 然后再青贮。

青贮原料的切短长度: 细茎牧草以7~8厘米为宜, 而玉米等较粗的秸秆最好不要超过1厘米, 国外要求0.7~0.8厘米。

(2) 青贮容器类型:

①青贮窖：用草量少，采用小圆形窖；用草量多，应采用长方形窖，内壁成倒梯形。长方形窖的内壁四角做成圆形，便于原料下沉。青贮窖的宽度和深度，取决于每天饲喂的量，通常以每天取料厚度不少于15厘米为宜。窖内最后一层应高出窖口0.5~1米，用塑料薄膜覆盖，然后用土封严，四周挖好排水沟。封顶后2~3天，对下陷处填土，以防雨水流入窖内。

②青贮塔：青贮塔是用钢筋、水泥、砖砌成的永久性建筑物，呈圆筒状，上部有锥形顶盖，防止雨水淋入。塔的大小应根据青贮用量而定。

③塑料袋：这种方法投资少，是目前国内外正在推广的一种方法。我国有长宽各1米，高2.5米的塑料袋，可装750~1 000千克玉米青贮。一个成品塑料袋能使用两年。

（3）青贮的制作：

①切短的长度：玉米等较粗的作物秸秆最好不要超过1厘米，国外要求0.7~0.8厘米。细茎牧草以7~8厘米为宜。

②青贮窖青贮：如果是土窖，内壁和窖底部铺上塑料薄膜（永久性窖可不铺），先在窖底铺一层10厘米厚的干草，以便吸收青贮液汁，然后把切短的原料逐层装入并压实。最后一层应高出窖口0.5~1米，用塑料薄膜覆盖，然后用土封严，在顶部四周挖排水沟。封顶后2~3天，密封层下陷，这时应立即再培土密封，以防漏气使青贮料腐败变质。

③青贮塔青贮：把切短的原料用机械迅速送入青贮塔内，利用其自然沉降或用人工将其压实。最后再在原料上面覆盖塑料薄膜，然后上压余草即可。

④塑料袋青贮：将青贮原料切得很短，然后装入塑料袋，逐层和四角压实，排尽空气并压紧后扎口即可。应注意的是防止踩压出

现漏洞,造成透气而使青贮料变质。

(4)特殊青贮饲料的制作:

①低水分青贮:一般又叫半干青贮。其干物质含量比一般青贮饲料高1倍多,无酸味,适口性好,色深绿,养分损失少。制作低水分青贮时,青饲料原料应迅速风干,要求在收割后24~30小时内,豆科牧草含水量达50%左右,禾本科牧草水量达到45%左右,在低水分状态下装窖,压实,封严。

②混合青贮:常用豆科牧草与禾本科牧草进行混合青贮,或用含水量较高的牧草(如紫云英等)与作物秸秆进行混合青贮。豆科牧草与禾本科牧草混合青贮时的比例以1:1.3为宜。

③添加剂青贮:是在青贮时加进一些添加剂来影响青贮的发酵作用,如添加各种可溶性碳水化合物,接种乳酸菌,加入酶制剂等,可促进乳酸发酵;加入各种酸类、抑菌剂等,可抑制腐生菌的生长;加入尿素、氨化物等,可提高青贮饲料的养分含量。

(5)青贮质量简易评定:主要根据色、香、味和质地,来判断青贮饲料的品质。优良的青贮料颜色为黄绿色或青绿色,有光泽;气味芳香,呈酒酸味;表面湿润,结构完好,疏松,容易分离。不良的青贮料颜色为黑色或褐色,气味刺鼻,腐烂,黏滑结块,不能饲喂。

(6)青贮饲料的饲喂方法:一般青贮在制作45天后即可开始取用。开始饲喂青贮饲料时,奶牛有一个适应过程,所以用量应由少逐渐增加,日喂量10~12千克。严禁用霉烂变质的青贮饲料饲喂。

第五章　奶牛场的育种与选种选配

　　育种是指通过诱导遗传变异、改良遗传特性,来培育优良奶牛新品种的技术。奶牛的育种目标是增加产奶量,改善奶品质,提高产奶年限、繁殖力、成活率和饲料转化率等。目前,我国良种奶牛覆盖率低,群体平均生产水平不高,全国平均单产水平为3 500千克左右,而世界发达国家的平均单产水平已超过8 500千克。因此应大力培育优质高产奶牛群,并加快纯繁与推广,为奶牛场(户)创造更高的经济效益提供支持。

一、奶牛场育种的基础工作

(一)做好育种记录,及时统计分析

　　育种记录是育种工作和组织奶牛生产的一项基本工作,进行育种记录时,要认真负责,实事求是,使记录真正做到项目完整、数据可靠。只有根据这些记录,才能了解奶牛的个体特性,及时发现、分析和解决问题,检查计划任务的执行和完成情况。所以做好育种记录和统计分析,是开展奶牛育种工作的关键,必须予以高度重视。对于育种记录项目、格式和统计方法,应根据当地育种部门和本场的要求进行。在每项记录项目后面均应由记录人签字。

　　(1)种公牛、种母牛卡片:内容包括母牛号,与配公牛号;品种和血统;出生地和日期;体尺体重、外貌结构及评分;后代品质;公

牛的配种成绩,母牛的产奶性能及产犊成绩、鉴定成绩,公母牛照片等。

(2)公牛采精记录表:记录公牛编号,出生日期,第一次采精日期,每次采精日期、次数、精液品质、稀释液种类、稀释倍数、稀释后及解冻后精子活率、冷冻方法等。

(3)母牛配种繁殖登记表:记录母牛发情、配种、产犊等情况与日期。

(4)母牛产奶记录:记录每天分次产奶情况,全群每天产奶、每月产奶情况,各泌乳月产奶情况,牛奶质量指标(包括乳脂率、乳蛋白率、干物质)等。

(5)犊牛培育记录表:记录犊牛的编号,品种和血统,初生日期和初生重,毛色及其他外貌特征,各阶段生长发育情况及鉴定成绩等。

(6)牛群饲料消耗记录表:记录每头奶牛和全群每天各种饲草、饲料消耗数量等。

(7)奶牛良种登记:包括系谱、生产性能和体形外貌等内容。通过良种登记,选出拔尖的种子母牛群,与经过后裔测定的优秀公牛进行选配,从而使牛群质量不断得到改进和提高。对合格的良种公、母牛,由监督检查部门颁发良种登记证书。

(二)体尺、体重测量与计算

1. 体尺测量

体尺测量是奶牛外貌鉴定的重要方法之一,它是鉴定奶牛生长发育和体型的重要指标,也是选种的重要依据。

体尺测量常用的工具:测杖、卷尺、圆形测定器和测角计。体尺与体重测量可以同期进行,一般在犊牛初生、6月龄(断奶)、周岁、1.5岁、2岁、3岁和成年时测定。具体测量部位要根据测量目的而定。

现介绍奶牛场常见测量部位,参见图5-1。

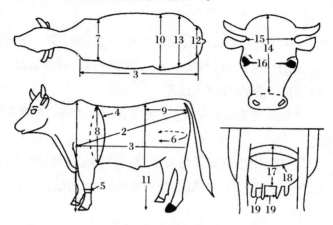

图5-1　奶牛的体尺测量

1.体高　2.体斜长　3.体直长　4.胸围　5.管围　6.后腿围

7.胸宽　8.胸深　9.尻长　10.腰角宽　11.腰高　12.坐骨端宽

13.髋宽　14.头长　15.额小宽　16.额大宽　17.后乳房深

18.乳房围　19.乳头间距

体高: 从鬐甲最高点到地面的垂直高度。用测杖测量。

体斜长: 从肩胛前缘(肱骨突)到同侧坐骨结节后缘间的距离。用测杖测量。

胸围: 在肩胛骨后缘处绕躯体的周长。用卷尺测量。其松紧程度以能插入食指并可上下滑动为宜。

管围: 在左前肢掌骨上1/3最细处的周长。用卷尺测量。

腰角宽: 两腰角外缘间的距离。用圆形测定器测量。

尻长: 又叫臀长,为腰角前缘至坐骨结节后缘间的距离。用测杖测量。

髋宽: 两臀角外缘的最大距离。用圆形测定器测量。

腰高: 又叫十字部高,为两腰角连线中点至地面的垂直距离。用测杖测量。

坐骨端宽：又叫尻宽，为两坐骨结节外缘的宽度。用圆形测定器测量。

乳房的测量：乳房容积的大小与产奶量密切相关，因此测定母牛乳房的容积可作为评定产奶性能的依据。测量应在最高泌乳胎次和泌乳高峰期（产后1~2个月），于挤奶前进行。一般测量部位如下：①乳房围：乳房最大的周径。用卷尺测量。②乳房深度：后乳房基部至后乳头基部的距离。③乳头间距：分前后乳头间距和左右乳头间距。

2. 体重测量

体重测量是指测量奶牛的活重。其目的一是为奶牛早期选择提供依据，二是了解奶牛的生长发育情况。对早期生长发育严重不良的个体，一般在以后生产性能的表现上也很差，因而要及早淘汰。生长发育主要是指奶牛各生长阶段的体重，包括初生重、6月龄重、12月龄重、18月龄重和24月龄重。具体测定方法有两种。

（1）实测法（又叫称重法）：就是用地磅过秤，获得奶牛的实际重量，这是一种最好的方法。每次称重时应在饲喂前或放牧前进行（最好早晨空腹称重），连续称重2天（每天在同一时间内称重），然后求其平均数，以求精确。

（2）估测法：如果没有地磅，可进行体重估测。主要根据活重与体积的关系计算，一般估测与实际重量相差不超过5%时，即认为效果良好；如果误差超过5%，则不能应用。奶牛体重估测公式很多，应用时按牛群实际情况选择。

6~12月龄：体重（千克）=胸围（米）^{2}×体斜长（米）×98.7

16~18月龄：体重（千克）=胸围（米）^{2}×体斜长（米）×87.5

成年奶牛：体重（千克）=胸围（米）^{2}×体斜长（米）×90

例如：某成年奶牛胸围1.95米，体斜长1.38米，则体重为$1.95^2 \times 1.38 \times 90 = 472.3$千克。

（三）产奶性能测定与计算

目前测量奶牛产奶量的方法很多，可每次挤奶后计量奶量并逐天累计；也可每月计量记录3天的产奶量，每次间隔8~11天，以此为根据统计每月和整个泌乳期的产奶量。

1. 个体产奶量的计算

它是以个体牛为单位来进行测量和统计的，表明个体奶牛的产奶性能，其数据以奶牛的泌乳周期为基础。

（1）个体305天产奶量：指母牛自产犊第一天开始到第305天为止的产奶总量。产奶时间不足305天者，按实际产奶量计算，并注明天数；产奶时间超过305天者，305天以后的产奶量不计在内。

（2）个体校正305天产奶量：对于泌乳天数不足305天和超过305天的产奶量要进行校正，校正系数由中国奶业协会统一制定。这样做，使有240~370天产奶量纪录的奶牛，统一乘以相应的系数，获得校正305天产奶量。校正系数见表5-1和表5-2。

表5-1　泌乳不足305天的校正系数

泌乳天数	240	250	260	270	280	290	300	305
1胎	1.182	1.148	1.116	1.036	1.055	1.031	1.011	1.000
2~5胎	1.165	1.133	1.103	1.077	1.052	1.031	1.009	1.000
6胎以上	1.155	1.123	1.094	1.070	1.047	1.025	1.009	1.000

表5-2　泌乳超过305天的校正系数

泌乳天数	305	310	320	330	340	350	360	370
1胎	1.000	0.987	0.965	0.947	0.924	0.911	0.895	0.881
2~5胎	1.000	0.988	0.970	0.952	0.936	0.925	0.911	0.904
6胎以上	1.000	0.988	0.970	0.956	0.900	0.928	0.916	0.993

例1：某头牛产奶天数为350天，产奶量为7 800千克，此牛为第三胎，求其305天校正产奶量。计算为：305天校正产奶量=7 800×0.925=7 215千克。

例2：某头牛产奶天数为260天，产奶量为5 500千克，该牛为第六胎，求其305天校正产奶量。计算为：305天校正产奶量=5 500×1.094=6 017千克。

（3）个体全泌乳期实际产奶量：指母牛自产犊之日起到干奶为止的累计产奶量。

（4）个体终生产奶量：指母牛在其一生中的全部产奶量，是将该头牛的各胎次全泌乳期实际产奶量进行累计的总和。

2. 群体产奶量的统计

它是以奶牛场全群成年母牛为对象进行的产奶统计，反映该牛群整体产奶遗传性能的高低，也反映牛场的实际饲养管理水平。其统计与计算是以日历年为基础的。

（1）全群应产牛全年平均产奶量：是指从1月1日起到12月31日止，全群牛产奶的总量。公式为：

全群应产牛全年平均产奶量=全群全年总产奶量/全年平均每天饲养应产母牛头数

全年平均每天饲养应产母牛头数=全群每天饲养应产母牛头数总和/365

例如：某牛场2007年全年产奶总量为3 083 022千克，全年每天饲养应产母牛头数总和为159 432头，则该场2007年平均每天饲养应产母牛头数为：159 432/365=436.8头。

2007年全群应产母牛全年平均产奶量为：3 083 022/436.8=7 058.2千克。

应产母牛：是指具有泌乳能力的母牛，包括泌乳母牛、干奶或不孕的成年母牛。

（2）全群实产奶牛全年平均产奶量，公式为：

全群实产奶牛全年平均产奶量=全群全年总产奶量/全年平均饲养实产母牛头数

全年平均饲养实产母牛头数=全年每天饲养实产母牛头数总和/365

例如：某奶牛场2007年全年产奶总量3 083 022千克，全场全年每天饲养实产母牛头数总和为140 343头，则该场2007年平均每天饲养实产奶母牛头数为：140 343/365=384.5头。

2007年全群实产母牛全年平均产奶量为：3083 022/384.5=8018.3千克。

实产母牛：是指实际参加泌乳的母牛，不包括干奶牛和其他不产奶的母牛。

（四）牛奶成分含量的测定与评定

进行牛奶成分含量的测量与评定，其常用度量指标有乳脂率、乳脂量、乳蛋白质率，此外，还有一些综合性指标，如4%标准奶量。

1. 乳脂率的测定和乳质量计算

（1）平均乳脂率：乳脂是指牛奶中所含的脂肪，乳脂率是指牛奶中所含脂肪的百分率。牛的乳脂率在整个泌乳期中有一定程度的变化，一般所说的乳脂率是指平均乳脂率。其公式为：

平均乳脂率=$\sum (F \times M) / \sum M$

式中：$\sum$——累积总和；

　　　F——在整个泌乳期中每次测定乳脂率的测定值；

　　　M——某一测定阶段的产奶量。

（2）乳脂率的测定次数：一般有两种，一是全泌乳期中每月测定一次；二是在全泌乳期中，只在第二、五、八泌乳月各测定一次，共3次。

（3）采样方法：可早、中、晚采样，也可全天采样。注意：早晨乳脂低，晚上乳脂高。要均匀采样。注意：先挤出的乳脂低，后挤出的乳脂高。要混匀。注意：乳脂易上浮。

例如：第二泌乳月，30天×25千克/天=750千克；750千克（M）×0.032（F）=24千克。第五泌乳月，31天×20千克/天=620千克；620千克×0.035=21.7千克。第八泌乳月，30天×15千克/天=450千克；450千克×0.036=16.2千克。

平均乳脂率=（24+21.7+16.2）÷（750+620+450）=61.9÷1 820=3.4%。

（4）乳脂量的计算：乳脂量=产奶量×乳脂率。在2头奶牛的产奶量相同情况下，可利用乳脂量来判断产奶量的高低。在产奶量不同情况下，可换算成乳脂量，以比较产奶量的高低。因为乳脂量是个综合指标，所以可用它作为选种指标之一。计算方法按需要自选。

2. 乳蛋白质的测定

乳蛋白质是牛奶的重要营养成分之一。乳蛋白含量的高低，已成为衡量奶牛育种和牛奶质量的一项重要指标，并可作为收购牛奶时定价的主要参考指标。测定方法：采用凯氏定氮法，即先测定牛奶中氮的含量，然后根据蛋白质的含氮量计算出该牛奶的蛋白质含量（%）。此法准确，但效率低。近年来多采用比色法和用全奶成分测定仪进行测定，效率明显提高。

3. 4%标准奶量（4%乳脂校正乳）的计算

为了便于比较奶牛之间的产奶量，规定以4%乳脂率的牛奶作为标准奶对某一头奶牛的标准奶量进行计算。其公式为：

$$FCM=M\times(0.4+0.15F)$$

式中：*FCM*——乳脂率为4%的标准奶量；

　　　M——乳脂率为*F*的产奶量；

　　　F——牛奶的实际乳脂率。

例如：一头牛产奶量为7 500千克，乳脂率为3.3%，转化为乳脂率4%的标准乳量为：$FCM = 7\,500 \times (0.4 + 0.15 \times 3.3) = 7\,500 \times (0.4 + 0.495) = 7\,500 \times 0.895 = 6\,712.5$千克。

另一头牛产奶量为7 000千克，乳脂率为3.8%，转化为乳脂率4%的标准奶量为：$FCM = 7\,000 \times (0.4 + 0.15 \times 3.8) = 6\,790$千克。

（五）饲料对牛奶成分的影响

1. 对乳脂率的影响

（1）精料过多、粗饲料不足：乳脂率与瘤胃内的乙酸/丙酸比值呈正相关。也就是说，只要瘤胃内丙酸生成增加，就会造成乳脂率的下降。高精料日粮会使瘤胃发酵呈"高丙酸型"，产奶量上升，乳脂率下降。当饲料干物质摄入量中谷物的比例超过50%时，乳脂率会降低。当粗饲料与精饲料比例（按干物质计）降至40∶60以下时，由于日粮中的纤维量减少，乙酸/丙酸比值下降，瘤胃菌群发生变化，乳脂率降低。

（2）粗饲料粉碎得太细或切得过短，长秆干草太少：将粗饲料粉碎或切短，可以增加动物的采食量。但是如果粉碎得太细，或将粗饲料切得太短时，导致饲料在瘤胃中停留的时间缩短，从而使消化率降低，瘤胃内乙酸的生成量减少，乙酸/丙酸比值下降，从而导致乳脂率下降。一般青粗饲料以3~5厘米长为佳，青牧草可适当长一些（15厘米左右），这样可增加饲料在消化道内的停留时间，从而达到提高粗纤维、干物质的消化率，进而提高乳脂率的目的。

（3）饲料中添加大量油脂：饲料中的脂肪对乳脂有正负两方面的影响，正面影响是提高日粮能量，直接提供脂肪酸合成乳脂；负面影响是降低消化率和不饱和脂肪酸在瘤胃内发酵降解能力，促进了丙酸的生成，从而降低脂肪含量。因此，最好在奶牛饲料中添加氢化（饱和脂肪酸）或皂化（脂肪酸钙）的脂肪较为适宜。一般在泌乳高峰期，添加量为饲料的2%~3%，最好是添加植物油。

（4）饲料中添加缓冲剂（无机盐类）：当奶牛瘤胃的酸碱度保持平衡时，由于乙酸增多，使奶牛采食量、产奶量和乳脂率都得到提高。在产奶高峰期，为防止发生瘤胃酸中毒，往往在饲料日粮内添加2%的碳酸氢钠或碳酸钠，或食用小苏打等缓冲剂，可取得理想效果。但饲喂容易发酵的高水分的谷物和玉米青贮饲料时，使瘤胃内含"酸性洗涤纤维"（酸性洗涤纤维包括饲料中的木质素和纤维素）达20%以上时，添加缓冲剂就无明显效果。

（5）热应激：当温度在29.4℃以上时，牛奶中的脂肪和氯化物含量增加，产奶量、干物质、乳蛋白和乳糖的含量下降。在4.4℃和15℃之间时，乳脂肪、干物质和乳蛋白的含量增加，氯化物和乳糖的含量不受影响。

2. 对乳蛋白率的影响

大量研究资料表明，乳蛋白率这项指标与奶牛的遗传性能密切相关，而受日粮组成的影响较小。目前已搞清楚的影响乳蛋白率的因素有以下几种。

（1）日粮中过瘤胃蛋白不足：过瘤胃蛋白质是指蛋白质饲料在瘤胃中未被微生物降解而直接进入后消化道的部分。日粮中过瘤胃蛋白不足，瘤胃微生物蛋白和过瘤胃蛋白不平衡，可降低乳蛋白率。

（2）日粮中粗蛋白质含量低：由于饲料中蛋白质喂量不足，奶牛采食量减少，会造成粗纤维摄取量减少，瘤胃中合成菌体蛋白受阻，可造成乳蛋白率下降。但饲料中蛋白质含量过高（超过奶牛需要量),一般也不会使乳蛋白率提高。

（3）日粮中缺乏赖氨酸、蛋氨酸：这些氨基酸的缺乏,均可使牛奶中乳蛋白率降低。

（4）饲料能量不足或玉米过度缺乏：干物质进食量不足,导致微生物合成菌体蛋白受阻,使乳蛋白率降低。

根据以上原因,在实际生产中,要想提高牛奶中的乳脂率和乳蛋白率,应综合考虑多方面因素,采取相应的有效措施,合理设计日粮组成。同时,又要节约饲料成本,从而实现较高的奶牛饲养效益。

3. 对乳糖率的影响

乳糖是决定牛奶渗透压的最主要成分,一般来说,其含量的变动性很小,只有当奶牛发病（如乳房炎或体细胞含量增高）的情况下,乳糖含量才有变化。当饲料中能量摄入过低时,乳糖含量就会减少。

（六）饲料转化率的计算

人们对奶牛要求产奶多,而且还要求能十分经济地利用饲料,即能将较少的饲料转变为最多的奶。因此,奶牛对饲料转化率（或饲料报酬）的高低,是评定奶牛生产性能的指标之一。其计算方法有两种。

（1）每千克饲料生产多少千克标准奶（又叫料奶比）,其公式为：

料奶比=全泌乳期总产奶量（千克）÷全泌乳期饲喂各种饲料干物质总量（千克）

例如：料奶比=7 000千克÷(8千克×305)=2.87。即每消耗1千克饲料,可能生产2.87千克标准奶。

（2）每产1千克标准奶需要消耗多少千克饲料（又叫奶料比）,

其公式为:

奶料比=全泌乳期饲喂各种饲料干物质总量(千克)÷全泌乳期总产奶量(千克)

例如:奶料比=(8千克×305)÷7 000千克=0.35。即每产1千克标准奶,需要消耗0.35千克饲料干物质。

(七)影响牛奶质量的因素

影响牛奶质量的最主要因素是牛奶中的体细胞含量和异常乳。

1. 牛奶中的体细胞

健康牛奶中体细胞(指白细胞和上皮细胞)数量,小于50万个/毫升。如果体细胞数超过50万个/毫升,表明奶牛已得了乳房炎,体细胞数越多,炎症越严重。对体细胞数的检查,通常是结合常规的乳成分检查同时进行,采用专门的测定仪测定。国际乳业联合会(IDF)已制定出牛奶体细胞数推荐分级标准,具体规定见表5-3。

表5-3　牛奶体细胞数分级标准

牛奶级别	体细胞数(万个/毫升)	乳房炎判断
A级	<50	乳房卫生优良
B级	50~100	隐性乳房炎
C级	100~200	临床性乳房炎
D级	>200	严重乳房炎

乳房炎的确诊,目前有两种方法:第一种是通过兽医临床诊断,来鉴定奶牛是否发生乳房炎,但这只能检出临床性乳房炎,而很难检出隐性乳房炎。第二种是利用牛奶中的体细胞数作为辅助诊断,当奶牛乳房感染病原菌时,由于机体的免疫反应,引起牛奶中的体细胞数增加(中性粒细胞和巨噬细胞)。一般认为,由正常乳腺分

泌的奶汁中每毫升所含的体细胞数为5万~20万个。

2. 异常乳

牛奶在生产过程中，其成分和性质发生变化，偏离了规定的质量标准范围，这类奶统称为异常乳。出现异常乳的常见情况有以下四种：

（1）生理性异常乳：包括初乳、末乳、营养不良乳。

初乳：指产犊后5天内所分泌的乳。呈黄褐色，有异味、苦味，黏度大，所以又叫胶奶。初乳酸度大（45°~50°），不能掺入乳中。

末乳：从泌乳8个月后至停奶前7天的乳。随着泌乳量减少，细菌数、过氧化氢酶含量增加，乳糖含量降低，酸碱度（pH）达7.0，细菌数可达250万个/毫升，氯根浓度为0.16%左右，所以不能作为原料奶。

营养不良乳：主要有低脂肪乳和低比重乳。其中低脂肪乳常见于精料喂量过多而粗饲料不足或缺乏的情况下，多发生在夏天。低比重乳，是因受遗传和饲养管理等影响，使乳的成分发生异常变化，而干物质含量过低，如品种、个体都较差和长期营养不良等引起。

（2）病理性异常乳：

乳房炎乳：发生乳房炎时，乳中乳糖含量低，氯含量增加及球蛋白含量升高，酪蛋白含量下降，并且体细胞数量增多，维生素B_1、维生素B_2含量减少。同时，乳中可含有溶血性链球菌、葡萄球菌、大肠杆菌等病原菌。

其他病牛乳：有布病、炭疽、结核或口蹄疫等病的病牛乳，乳的质量变化大致与乳房炎乳相类似。另外，患酮体过剩、肝机能障碍、繁殖障碍等病的奶牛，易分泌酒精阳性乳。

病理性异常乳中氯和钠离子含量增高，乳糖含量降低，酸碱度

（pH）升高,可达6.7~7.0以上,细菌数、体细胞含量增高。

如果用以上乳作为原料奶,将会使乳制品风味变坏,产品变质,同时能传播疾病,引起人的食物中毒。

（3）生物化学异常乳:主要指酒精阳性乳,是指用70%酒精与等量鲜牛奶充分混合时,产生微细颗粒或絮状凝块的乳。生物化学异常乳又可分为两种。

高酸度酒精阳性乳:是指乳中加等量70%酒精时发生凝固现象的乳（酸度为18° ~20° 以上）。原因:挤奶过程不卫生、设备消毒不严、贮存温度过高;未及时冷却,使乳中细菌迅速繁殖,将乳糖分解为乳酸,导致酸度升高;奶牛患酮血病、瘤胃酸中毒、饲料营养不足,导致血液中乳酸增多,使乳的酸度增高;乳腺感染链球菌,将乳糖分解为乳酸使乳中酸度升高。

低酸度酒精阳性乳:是指酸度11° ~18° ,加70%酒精可产生细小絮状凝块的乳。加热不凝固,又叫二等乳。原因:在产奶量不高的情况下,还继续饲喂过多的精饲料,可消化粗蛋白质和总消化养分过度缺乏;饲料中钙及钠含量过高;乳蛋白稳定性下降,其中a酪蛋白增加、k酪蛋白减少、氨基酸变异性较大等;疾病的影响,如肝病、酮病、繁殖和消化道疾病等;气候炎热、寒冷、牛舍潮湿、通风不良、刺激性气体等。

如何预防酒精阳性乳?

加强卫生管理:特别是在挤奶过程的卫生管理,如严格消毒挤奶设备和贮存罐;加快冷却速度,防止细菌进入、繁殖。

合理供应日粮:特别注意纠正饲料中的蛋白质不足或过量。

矿物质的供应要充足:特别注意日粮中钙、磷、锰、钠的含量要充足,比例要平衡。

防止应激:应尽量避免各种不良环境因素引起的应激,如炎热、寒冷、风、雨等。

预防疾病：特别是对肝功能障碍、隐性乳房炎、繁殖障碍、酮病、产后瘫痪等疾病，应加强防控。

（4）掺假乳：包括掺杂水、米汤、豆浆、石灰水等的奶。

（八）排乳速度的测定

排乳速度是评定奶牛生产性能的重要指标之一，排乳速度快的奶牛，有利于在挤奶厅集中挤奶。国外对不同品种的母牛，制定了不同的排乳速度指标，如美国荷斯坦牛为3.61千克/分钟；德国荷斯坦成年牛为2.5千克/分钟，初产牛为2.2千克/分钟。

（九）前乳房指数的计算

前乳房指数是表示乳房的对称程度，是用4个奶罐的挤奶机进行测定，4个乳区分别流入4个玻璃罐内，根据自动记录结果或罐上的容量刻度，测量每个乳区的产奶量，计算2个前乳区的产奶量占全部产奶量的百分率，即为前乳房指数。计算公式是：

前乳房指数（%）=（前2个乳区产奶量/总产奶量）×100%

一般来说，头胎奶牛的前乳房指数大于二胎以上的成年母牛，如德国荷斯坦牛头胎母牛前乳房指数为44%，成年母牛为43%。需要注意，奶牛品种不同，前乳房指数也不同。

二、奶牛选种选配技术要点

（一）奶牛的选种

选种是指应用各种科学方法，从奶牛群中选出最优秀的奶牛个体做种用，使其在优越的条件下大量繁殖后代，达到提高牛群产奶及健康水平的目的。目前采用的选种手段是：通过控制留种的机会，定向、有目的、有计划地保留奶牛群的优良基因，并使优良基因及优良基因组合，在奶牛群中的频率不断提高，使优良性状不断得到巩固与加强。

1. 影响选种效果的因素

奶牛育种效果的好坏受许多因素的影响，为了使育种工作卓有成效，应当了解这些因素并在生产实践中加以注意。

（1）选种目标稳定：选种首先应有明确的目标。具体指标要求既先进又可靠，也不脱离本场实际。目标确定以后，就要坚持实施，保持相对的稳定。

（2）选种依据准确：选种是以个体或其亲属的表型值（表型值是指通过观察或测量所得到的个体或群体在某数量性状上的数值，如成年荷斯坦母牛体高为145厘米，这145厘米就是该母牛体高性状的表型值）为基本依据，来判断基因型（基因型是指决定一个生物体的结构和功能的全部遗传特征）的优劣。因此，选种效果在很大程度上取决于奶牛档案资料是否完整，各种表型值的度量、记录是否真实、可靠，有无人为制造的假数据，同时也要看采用什么选种方法，按什么资料选种。如果选用的资料不准确，是伪造的，那就必然会造成统计上的误差，使选种建立在错误估计的基础上，这样的教训必须吸取。

（3）性状遗传力与遗传相关：所选性状的遗传力的高低直接影响选种效果。性状遗传力是指某数量性状变异由亲代遗传给子代的比率，它是决定一个世代遗传改进大小的重要因素。性状间的遗传相关对选种相关影响更大。过去重点选产奶量的高低，不太注意乳脂率的高低。由于产奶量与乳脂率间呈负遗传相关，结果造成产奶量上去了，而乳脂率却下降了。

（4）选择差与选择强度：选择差是指留种奶牛的某个成绩与整个牛群该成绩之差。在生产实践中，为了提高奶牛质量，可加大选择差，降低留种率，从而加速遗传进展。如果留种比率小，变异程度大，这时选择差和选择强度就越大，选种的效果就越好。

（5）世代间隔：奶牛的世代间隔一般为5年或5.5年。它的世代间隔相对来讲比较长，从而影响了改良速度和育种进程，因此要采取措施缩短世代间隔。

（6）环境：任何数量性状的表型值都是遗传和环境两种因素共同作用的结果。环境条件发生变化，表型值相应地发生不同程度的改变。因此，奶牛场应按育种工作要求，来加强饲养管理，使高产基因得到充分表现。

2. 选种方法：

奶牛选种方法很重要，在生产实践中，要按各奶牛场的技术条件和奶牛不同生长发育阶段，灵活选用适合的方法。目前在奶牛场（户）常用的方法如下。

（1）外形选择：奶牛外部形态与生理功能间有一定联系，外形在某种程度上可以反映奶牛的健康状况和生产性能。同时，有些外形特征也是某些品种的标志，例如荷斯坦牛具有黑白花片，不应出现全白毛或全黑毛个体。饲养奶牛户应了解奶牛的正常外形，特别注意有无外形缺陷和遗传缺陷。

（2）生产性能选择：根据奶牛生产性能的记录（成绩）和选留标准可做出选择。对于奶牛来说，产奶量高，生产每千克牛奶所消耗的饲料少，成绩就好。

（3）单个性状的选择：在某个时期内只重点选择一个性状，如专门提高产奶量。但有时可导致一个性状提高后，另一个性状却降低了，如奶牛的产奶量提高了，而乳脂率降低了。

（4）多个性状的选择：这种方法是同时选择几个性状，分别规定最低标准，只要有一个性状不够标准即予淘汰。此法简单易行，能收到全面提高选择效果的作用。但这种方法，容易将一些只有个别性状没达到标准，而其他方面都优秀的个体淘汰掉，选留下来的往往是各个性状表现中等的个体。

（5）系谱选择：系谱是一头奶牛完整的历史资料。通过系谱审查和分析，能了解其祖先的生产性能、发育情况等资料，能估计该奶牛的近似种用价值，可作为今后选配工作的借鉴。该方法多用于本身尚无产奶记录，更无后裔鉴定资料的幼龄和青年时期的奶牛。

（6）同胞选择：可分为全同胞（指同父同母的子女）和半同胞（同父异母或同母异父的子女）选择。在系谱选择以后，对有些性状不太准确，或通过后裔选择又需要时间太长，或在活体难以度量（如胴体品质）的情况下，可用同胞选择，如根据半同胞姐妹的成绩选择产奶量，根据全同胞的成绩选择胴体品质。

（二）奶牛的选配

选配是指在奶牛群内，根据本场育种目标，有计划地为母牛选择最适合的公牛进行交配。选配是在奶牛选种的基础上进行的。通过选配可以使双亲优良的特性、特征和生产性能遗传给后代，可以巩固选种的成果。因此，正确的选配，对奶牛群或奶牛品种的改良具有重要意义。

1. 选配的原则

（1）选配的公母牛等级，公牛要高于母牛，高等级的公牛可以与高等级母牛交配，但不能用低等级公牛与高等级母牛交配。

（2）有共同缺点的公母牛或相反缺点的公母牛不能交配，例如内向肢势与外向肢势，弓背与凹背，这样的公母牛不能交配。

（3）一般情况下，不使用近交，只有在杂交育种时在育种群使用，繁殖群不能使用。

（4）选配目的是要让奶牛群中优良品质继续扩大，各种不良性状逐渐得到克服。

2. 选配方式

根据交配个体间的体型外貌和亲缘关系,通常将选配方法分为品质选配和亲缘选配。

(1)品质选配:是根据奶牛的体型外貌或生产性能上的特点,来安排公、母牛的交配,包括同质选配和异质选配两种方式。

同质选配:是选择在外形、生产性能或其他经济性状上相似的优秀公、母牛交配。例如乳脂率高、乳蛋白率高的公牛,与乳脂率高、乳蛋白率高的母牛交配,因为乳脂率和乳蛋白率有较高的相关性,所以可同时选择。另外,为了巩固和发展某些优良性状,增加遗传稳定性,可采用同质选配。例如要加大某个品种的体尺,可以用"好的配好的"方法,即高的配高的,得到体格高大的牛群,体格矮小的奶牛逐代减少。

异质选配:是选择外形、生产性能不同的公、母牛进行交配,其目的是为了改善提高牛群的体质、外貌、适应性和生产能力。主要有两种方法:

一是结合公母牛双方不同的优良性状,例如乳脂率高的与产奶量高而乳脂率低的公母牛交配,以获得产奶量高、乳脂率高的优良后代。

二是选择一方有优点,另一方有缺点的公、母牛进行交配。例如以背腰平直的公牛与背腰凹陷的母牛交配,来纠正后代中母牛的凹背;以尻宽的公牛与尻窄的母牛交配,来纠正后代母牛尻尖的缺点。

(2)亲缘选配:是根据公母牛之间亲缘关系的远近进行交配,其目的是尽量保持优良祖先的血统。

3. 选配应注意的事项

(1)每个奶牛场都应制订出符合牛群育种目标的选配计划,其中要特别注意和防止近交衰退。

（2）在调查分析的基础上，针对每头母牛本身的特点，选择出优秀的与配公牛，但与配公牛必须经过后裔测定，而且产奶量、乳脂率、外貌等生产性能都高于母牛。

（3）每次选配后的效果应及时分析总结，不断提高选配工作的效果。

第六章　奶牛的繁殖技术管理

在奶牛场内，牛群数量的增加和质量的提高，都是通过繁殖来实现的。奶牛繁殖技术水平的高低，不仅直接影响母牛产奶量和全场生产任务的完成，而且对母牛生产性能的发挥和经济效益的提高也起着决定性作用。

一、繁殖管理指标

(一)受胎率

受胎率是指年度内妊娠母牛数占参加配种母牛数的百分率。受胎率又可分为总受胎率、情期受胎率和第一情期受胎率，总受胎率应达到95%以上。

(1)年总受胎率：年总受胎率可反映全年总的配种效果。其公式为：

年总受胎率=(年受胎母牛头数/年受配母牛头数)×100%

说明：统计日期是由上年10月1日至本年9月30日；年内受胎2次以上的母牛(包括正产受胎2次和流产后受胎的母牛)，受胎头数和受配头数应一并统计，即各计为2次以上；受配后2~3个月的妊娠检查结果确认受胎要参加统计；配种后2个月内出群的母牛，不能确定是否妊娠的不参加统计，配种2个月后出群的母牛一律参加统计。

(2)情期受胎率：是指以情期为单位的受胎率，它反映了母牛

发情周期的配种质量。以月统计的则为月度情期受胎率,以年统计的则为年度情期受胎率。其公式为:

年情期受胎率=(年受胎母牛头数/年配种牛总情期数)×100%

说明:凡是经过输精的情期母牛都应统计在内。年内出群的牛只,如果最后一次配种距出群时间不足2个月时,该情期不参加统计,但在此情期以前的受配情期必须参加统计;统计的起止日期与年总受胎率相同。

(3)第一情期受胎率:是指第一个情期配种的受胎母牛数占配种母牛数的百分比。根据它可及早发现问题,从而改进配种技术。第一情期受胎率应达到58%以上。

第一情期受胎率=(第一情期配种受胎母牛头数/第一情期配种母牛头数)×100%

(二)繁殖指标

(1)年繁殖率:反映牛群在一个繁殖年度内的增殖效率。在一般情况下,奶牛的繁殖率应达到90%以上。其公式为:

年繁殖率=(年实繁母牛头数/年应繁母牛头数)×100%

说明:实繁母牛头数是指自然年度(1~12月)内分娩的母牛头数,年内分娩2次的以2次统计,1胎产双犊的以1头统计,妊娠7个月以上的早产也统计在实繁头数内,对妊娠7个月以下的流产不计入实繁头数。

应繁母牛头数是指年初(1月1日)18月龄以上母牛头数,加上年初未满18月龄而在年内实繁的母牛数。年内出群的母牛,凡产犊后出群的一律计算,未产犊而出群的一律不计算。年内调入的母牛,在调入后产犊的,实繁和应繁各1头;未产犊的,不统计。

(2)空怀天数:母牛一年的空怀天数,一般以80天为理想。这样既能保证一年一胎,又可充分发挥母牛的泌乳潜力。大多数情况为90~100天, 甚至更长一些。

(3) 青年母牛初配月龄: 一般为15~16月龄, 初产月龄为24~25月龄。

(4) 受胎所需配种 (输精) 次数低于1.6次。

(5) 产犊间隔: 指各母牛本胎产犊日距上胎产犊日的间隔天数, 一般为13个月。而年平均胎间距=胎间距之和/统计头数。

(6) 繁殖障碍 (不孕): 有繁殖障碍的母牛头数, 一般不超过10%。

(7) 犊牛成活率: 指在本年度内断奶成活的犊牛数占本年度出生犊牛数的百分率。它反映母牛育仔能力和犊牛生活力及饲养管理水平, 在正常饲养情况下应达到95%以上。

二、适配年龄及母牛配种前后的检查

荷斯坦奶牛在出生后8~12月龄开始出现第1次发情, 但此时生殖器官尚未发育完善, 其身体的生长发育还在继续进行。到15~16月龄, 体重达到350~380千克, 体高在1.27米、胸围为1.46米时, 母牛生殖器官发育完全, 才为适配年龄。如果配种过早会影响母牛自身的生长发育, 产生的后代也多是体质衰弱, 发育不良, 甚至出现死胎。配种过晚, 不仅影响终身产奶量, 而且使母牛容易发生肥胖而导致生殖机能降低, 配种困难。

为提高配种的成功率, 应注意做好以下检查:

(1) 对产后14~28天的母牛, 检查一次子宫复位情况, 对子宫恢复不良的母牛, 应连续检查, 直到可以配种为止。

(2) 对阴道分泌物异常的母牛和发情周期不正常的母牛, 应进行检查治疗, 并做好记录。

(3) 对产后60天以上还不发情的母牛, 应及时查明原因, 予以治疗。

（4）对配种30天以上的母牛，应进行妊娠检查。

三、发情鉴定

发情鉴定是提高母牛受胎率的关键。生产实践证明，90%的所谓不发情并非是真正不发情，而是由于发情鉴定疏忽造成的。发情鉴定时要有耐心，每天要进行3次（早上、中午和下午）。多数奶牛在夜间发情，几乎有一半的奶牛是在早上最先观察到发情，下午发情结束。因此发情检查尽可能在接近天黑时和天刚亮时进行。

（一）发情表现

母牛发情周期平均为21天，范围在18～24天。如果发情周期超过此范围（少于16天或多于24天），就认为出现异常，对此应特别注意。根据发情时的外部表现可分为以下三个阶段。

（1）发情初期。特征是爬跨其他母牛，鸣叫，离群，但不愿接受其他牛爬跨；阴唇轻微肿胀，黏膜充血呈粉红色，流有少量透明黏液，如清水样，黏性弱；食欲减退，产奶量减少。

（2）发情盛期。特征是追随和爬跨其他母牛，愿意接受其他牛的爬跨，鸣叫频繁；阴户黏膜充血潮红，阴唇肿胀明显；阴门流出多量透明黏液，黏性强，呈粗玻璃棒状，不易拉断。

（3）发情后期。特征是不爬跨其他牛，也拒绝其他牛的爬跨，不再鸣叫；阴户黏膜变为淡红色，阴唇肿胀消退；阴门中流出少量透明或混浊的黏液，黏性减退。

（二）发情牛的鉴别

在奶牛群中，如果有一头母牛与同群牛互相爬跨时，被爬跨母牛站立不动，那么爬跨牛为发情牛或两头牛都为发情牛；如果有一头母牛被其他牛爬跨，表现极力摆脱并拒绝爬跨时，那么该母牛不是发情牛；如果一头母牛后面有两头以上母牛跟随，那么被跟随母牛为发情牛。

（三）发情鉴定的辅助方法

1. 指示包指示法

在母牛尾根部粘上发情指示包，粘有发情指示包的牛被其他牛爬跨时，指示包破裂，使牛尾部染色，由此而发现发情母牛。

2. 公牛试情

在母牛群里放入试情公牛，试情公牛经过特殊处理（阴茎异位术或结扎输精管及戴"颌下标记球"）。试情公牛每5天肌肉注射500毫克丙酸睾酮油剂1次，连注3次。在试情公牛的颌下带上"颌下标记球"，标记球的贮液囊内有染液，当公牛接触或爬跨发情母牛时，将染液涂于母牛体上而被发现。

3. 直肠检查法

根据卵巢上卵泡的大小、质地，来判断母牛是否发情或何时排卵。按卵泡发育规律可分为以下几个阶段。

（1）卵泡出现期：卵泡稍有增大，直径0.25～0.5厘米，触摸时卵泡为一个软化点，波动不明显，这时母牛大多开始有发情表现。由发情开始算起，卵泡出现为10小时左右。此期不宜输精。

（2）卵泡发育期：卵泡发育增大，直径1～1.5厘米，呈小球状，波动明显，本期的后半段母牛的发情表现已经减弱，甚至消失。在此期输精时有些过早，常需做第二次输精。

（3）卵泡成熟期：卵泡不再增大，但卵泡壁变薄，紧张性增强，有一触即破的感觉。这一期持续6～8小时，此期为输精最佳期，受胎率较高。

（4）排卵期：卵泡破裂排卵，由于卵泡液流失，卵泡壁松软，成为一个小凹陷，排卵时间多在性欲消失以后10～15小时，而且多在夜间发生。此期输精已晚，受胎率只达65%左右。

（5）黄体生成期：发情母牛排卵后6～8小时，此时已摸不到凹陷，只能摸到一块柔软组织，这是因为黄体开始形成，所以称为黄体生成期。

四、配种

（一）配种最佳时间

大约80%母牛的发情盛期持续15～18小时，发情结束后10～17小时排卵，所以一般认为，母牛的最佳配种时间是在发情结束或即将结束时。在实际工作中的经验是早上发情的牛在当天下午配种；下午发情的牛在第2天早上配种；年龄小的牛要配早一点，老龄牛要配晚一点。（见表6-1）

表6-1 输精最适时间

发情周期及发情阶段	发情前期	发情期			发情后期	排卵
		初期	中期	末期		
母牛表现	拒绝爬跨	接受爬跨	接受爬跨	接受爬跨	拒绝爬跨	过晚
输精	过早	早	可	最佳	可、晚	

（二）产后配种时间

（1）主要看母牛产后子宫的恢复情况，如果母牛产后子宫很快恢复到受胎前的大小和位置，一般需要12～56天。

（2）对老龄母牛、难产或有产科疾病的母牛，因其子宫的复原时间较长，所以母牛产后至第一次发情的间隔时间变化范围较大，一般为30～72天。

（3）母牛配种间隔时间的长短，主要由奶牛个体、气候、环境、生产水平、哺乳、营养状况以及产犊前后饲养水平等决定。例如营养差、体质弱的母牛，其间隔时间较长。

（三）人工授精技术

1. 人工授精的优越性

一头种公牛在自然交配时，一年可负担40~100头母牛的配种任务；而人工授精时，一头种公牛可为上万头或数万头母牛配种，这就大大地降低了种公牛的饲养成本。由于人工授精站的公牛都是最优秀的种公牛，使用这些种公牛的精液，可以加速奶牛饲养户品种改良的进程，提高牛群的生产水平，增加奶牛场的效益。这种成本的降低和生产力水平的提高在规模化奶牛场表现得更为突出。另外，在自然交配情况下，公母牛生殖器官相互直接接触，很易传播传染病，如布氏杆菌病、阴道滴虫病、传染性阴道炎等；而采用人工授精技术，可避免和防止这些疾病的传播。

2. 人工授精的主要技术环节

（1）精液处理：优质种公牛的精液都是由液氮罐保存的。由液氮罐提取精液时，精液在液氮罐颈部停留不应超过10秒，贮精瓶停留部位应在距颈管部8厘米以下；颗粒精液解冻时，将试管置入35~40℃水中预热后投入一个颗粒，融化后加入1毫升20~30℃的2.9%柠檬酸钠解冻液；细管精液直接投放在38~40℃温水中解冻。精液镜检在38~40℃的温度下进行：精子活率不低于35%，直线运动的精子数，颗粒精液的有效精子数为1 200万个以上，细管精液为1 000万个以上，才可用于输精。

（2）输精方法：采用直肠把握子宫颈输精法。输精前用1%~2%来苏儿液洗净母牛后躯，用消毒毛巾充分擦干，进行阴道检查。凡阴道分泌物混浊，发现含有脓丝状物者，不应输精。对正常发情牛，术者一只手伸入直肠内，寻找并握住子宫颈；另一只手持输精管，借助进入直肠内的手固定和协同插入的输精管，将其导入子宫体或子宫角基部，将精液推出。如果采用两次输精法，时间间隔以

8~10小时为宜。

本法的优点是母牛无疼痛；即使阴道有炎症也可输精；深部输精，受胎率高；减少因孕牛假发情而输精所造成的流产。缺点是初学者不易掌握，需要有个操作熟练的过程。

3. 提高奶牛冷配受胎率的措施

（1）做好母牛的发情观察：奶牛发情的持续时间约18小时，而且发情爬跨的时间一般多集中在晚上20时到凌晨3时之间。因此，用常规观察方法容易出现漏情的母牛（可达20%左右）。为了尽可能提高发情母牛的检出率，每天至少在早、中、晚上3次进行定时观察，分别安排在早晨7时、中午13时、晚上23时，每次观察时间不少于30分钟。这样发情检出率一般可达90%以上。

（2）适时输精。

①第一次输精时间：奶牛表现为由乱跑鸣叫变为安静，不躲避人的接触；手抓牛尾有拱背现象，阴门流出的黏液量不再增多，黏液中间混有灰白色或米黄色不透明的块状或小颗粒状物；发情后期试情公牛仍尾随发情母牛，但母牛拒绝爬跨，发情行为开始消失，肿胀的外阴部开始消退，阴门两侧附有黏液，黏膜由潮红色变为粉红或粉白色，从明显发情表现如爬跨、哞叫、流稀薄黏液等开始，过24小时或母牛拒绝爬跨后6~12小时；直肠检查子宫颈充血肿胀度已下降，宫外口稍硬，内口较软，卵泡体积不再增大，壁变薄，张力增强，波动明显，有一触即破之感；手指插入阴道后，母牛尾高上举，阴户收缩，呈排尿姿势并立即排尿，即可第一次输精。

②第二次输精时间：在第一次输精后，过8~12小时再进行第二次输精。清晨5~6时和傍晚17~18时输精受胎率较高。在生产实践中，不可能十分准确掌握排卵规律，通常采用一个情期输两次精的方法。第一次在早上，则第二次在傍晚；如第一次在傍晚，则第二次

在次日早上。同时应根据"老配早、少配晚、不老不少配中间"的经验，灵活选择适宜的输精时间。

（3）明确输精部位：以子宫基部输精受胎率为最高。双手配合把输精器前端引入子宫颈，接着再往里插，穿过2～4道皱褶样的螺旋状组织，就进入子宫体，即可把精液注在子宫体基部。如有把握确定一侧卵泡发育，可把精液深输入到发育的一侧，否则还是输到子宫体基部为好，不论哪侧排卵都会有精子参与受精。

（4）严格消毒输精器械：在配种前要对输精器械和母牛的外阴部进行严格清洗消毒，避免因输精而造成污染。

（5）加强奶牛的饲养管理和饲喂合理日粮：这是保证奶牛健康和有效防止营养性（缺乏维生素A、维生素E、维生素D）不孕的关键措施。奶牛过肥或过瘦，都可导致发情异常和影响生育。要多样化，青绿多汁饲料、青贮料、优质干草、精料等要合理配合，保持适宜的日粮标准。要保证一定的户外运动和充足的阳光，同时还要注重牛舍、牛体清洁卫生，尤其在接产、配种、分娩、阴道检查过程中，要严格消毒，可有效提高奶牛受胎率和防止生殖器官感染及乳房炎。

（6）不孕症的防治：引起奶牛不孕症的原因很多，主要有子宫内膜炎、颈管炎、阴道炎、卵巢炎、胎衣不下等生殖器官性疾病。尤其是子宫内膜炎发病率最高，占成年奶牛的48%以上，如果发现及时，治疗得当，治愈率可达98%以上。实践证明，治疗奶牛不孕症的有效方法如下：

①对配种1～6次不孕的奶牛，用5%葡萄糖液250毫升，加入青霉素50万单位和链霉素10万单位后注入子宫内，疗效很好。

②对卵巢机能不良的乏情奶牛，用0.5%新斯的明液2毫升，注射3次，每次间隔48小时，在注射第三次时，同时注射孕马血清1 000国际单位，可有效地恢复卵巢机能。

③对卵巢长期机能减退及卵巢囊肿的奶牛，连注6天孕酮，每次50毫升，再注孕马血清2 000国际单位，可使85%的奶牛受胎。

④对持久黄体奶牛，在发情同期第8~12天注射氯前列腺醇25毫克，经2~3天后即可发情，效果很好。

五、妊娠

（一）妊娠诊断

母牛的早期妊娠诊断是减少空怀和提高繁殖率的重要措施，现将具体方法介绍如下。

1. 外部观察法

如果母牛在配种后21天左右不再发情，性情变得安静温顺，食欲增加，大体上可判定该牛已妊娠。但这种方法的准确性较差，常作为早期妊娠诊断的辅助方法。

2. 阴道检查法

采用开张器进行阴道检查。怀孕1个月的母牛，阴道黏膜和子宫颈苍白而无光泽，子宫颈口偏向一侧，呈闭锁状态，上面被灰暗浓稠的黏液堵塞；而未怀孕的母牛阴道和子宫颈黏膜呈粉红色，富有光泽。但这种方法的准确性较差，仅供早期诊断参考。

3. 直肠检查法

这是早期妊娠诊断最准确的方法，在生产中被广泛采用。一般在母牛配种后30天进行检查。具体方法包括：

（1）胎膜滑动检查法：因为母牛妊娠30天后，胎盘绒毛膜已扩展到整个子宫腔，胚胎外层的胎膜与子宫角内膜明显分离，因此可通过直肠直接触摸胎膜作为妊娠诊断的依据。方法：用手握住孕角的最粗部分，作前后滑动，或用手轻轻捏起子宫壁，然后稍微放松，由于胎水重量的原因，胎膜下滑，手可感觉到。

（2）不同阶段妊娠的判断方法。

妊娠60天时：两子宫角大小不对称，妊娠角比未妊娠角粗1~2倍，变长而进入腹腔，角壁变薄而软，有波动，妊娠角卵巢移至耻骨前缘。

妊娠90天时：两子宫角极不对称，妊娠角比未妊娠角大3~4倍，有的大如排球，波动明显，子宫开始沉入腹腔，但初产奶牛下沉较晚。

妊娠120天时：子宫已全部沉入腹腔，子宫壁变薄，有明显波动感，有时还能触摸到胎儿和胎盘，妊娠角子宫动脉有明显跳动。

妊娠120天以上时：子宫下沉到腹腔深部，一般摸不到胎儿，能摸到子叶大如鸡蛋，子宫动脉（寻找子宫动脉的方法：将手伸入直肠，手心向上紧贴上壁向前移动，先找到髂内动脉，然后在左右髂内动脉的根部去感知各分出的一支子宫动脉）粗如拇指。

4. B超诊断法

在母牛配种后20~60天时，利用B超的探头深入阴道或直肠内紧贴在子宫或卵巢上，探查胚胎的存在、胎动、胎儿心跳和胎儿脉搏等情况。但B超仪器价格昂贵，目前在我国主要应用在科研上。

除以上介绍的方法外，还有下面几种适宜于奶牛户诊断的方法。

激素诊断法：母牛配种后20天，用乙烯雌酚10毫克，一次肌肉注射。已妊娠者，无发情表现，未妊娠者，第二天便表现明显发情。用此法进行早期妊娠检查的准确率可达90%以上。

看眼线法：母牛配种后20天，在眼球瞳孔正上方巩膜表面，如有明显纵向血管 1~2条，细而清晰，呈直线状态，少数有分支或弯曲，颜色鲜红，则可判断为妊娠。其准确率在90%以上。

7%碘酒法：收取配种后 20~30天母牛新鲜尿液 10毫升于试管中，然后滴入2毫升7%碘酒溶液，充分混合 5~6分钟，在亮处观察试管中溶液的颜色，呈暗紫色为妊娠，不变色或稍带碘酒色为未妊娠。

（二）流产

胚胎或胎儿与母体的正常关系被破坏，致使胚胎早期死亡，或从子宫中排出死亡或不足月的胎儿，叫妊娠中断，也叫流产。其原因可分为传染性和非传染性两类。

1. 非传染性流产原因

（1）饲养不当：饲料不足，母体和胎儿得不到足够的营养；日粮单纯，长期缺乏必需的矿物质和维生素，如钙、钴、铁、锰、维生素A、维生素D、维生素E等；饲料质量差，饲喂发霉、变质的饲料。

（2）管理不善：怀孕母牛发生拥挤、冰上突然滑倒、跳跃和震荡，受到饲养员的惊吓、抽打，腹部受到顶伤、压挤、冲撞；兽医和配种人员技术失误，如粗暴直肠检查，误用催情药物如乙烯雌酚、子宫收缩药等。

（3）全身性或生殖道疾病：奶牛有胃肠炎、瘤胃臌气，伴发高热和呼吸困难的疾病；患有慢性子宫内膜炎、子宫内膜瘢痕、子宫与周围组织粘连；胎衣水肿、脐带水肿、胎水过多、胎儿畸形、胎盘炎等，都可引起流产。

2. 传染性流产原因

很多病原微生物也都可引起奶牛流产，详见第八章有关奶牛常见疾病部分。

六、分娩与助产

（一）分娩

1. 分娩前表现

分娩是母牛将发育成熟的胎儿、胎水及胎膜等，从子宫内排出体外的一个正常生理过程。母牛临产前常见下列表现。

（1）乳房增大：母牛分娩前乳房迅速发育膨大，腺体充实，乳头膨大变粗，皱褶消失，有的奶牛从乳房内滴出初乳。

（2）外阴部肿胀：母牛临产前阴唇松弛变软、水肿、皱襞展平，阴道黏膜潮红，阴门流出半透明状黏液，尾根两侧凹陷明显。

（3）精神不安：母牛在行动上表现为活动困难，起卧不安，尾巴高举，回顾腹部，常作排尿姿势，食欲减少或停止。

2. 分娩特点

（1）产程长，容易发生难产。原因：一是奶牛的骨盆构造复杂，骨盆轴呈S状折线；二是胎儿较大，胎儿的头部、肩部及臀围都比其他家畜大，特别是头部额宽，是胎儿最难排出的部分；三是母牛分娩时阵缩及努责较弱。

（2）易发生胎衣不下。由于牛的胎盘属于上皮绒毛膜与结缔组织绒毛膜混合型胎盘，且胎儿胎盘包被着母体胎盘，因而子宫肌的收缩不能促进母体胎盘和胎儿胎盘的分离，只有在母体胎盘的肿胀消退后，胎儿胎盘的绒毛才有可能从母体胎盘上脱落下来，因此胎衣排出时间较长，一般为2~8小时。如果超过12小时就认为发生了胎衣不下。

（二）助产

1. 助产准备

（1）产房准备：为了分娩的安全，无论大小奶牛场都应设专用的产房和分娩栏。产房要求清洁、干燥、阳光充足、通风良好、宽大，便于助产操作；产房墙壁地面要平整，以便消毒。在母牛临产前，产房应铺上干净、柔软的垫草。母牛在预产期前7天左右进入产房，并应随时注意观察分娩表现。

（2）助产用器械和药品：包括5%碘酒、来苏儿、新洁尔灭、催产素、液体石蜡油、剪刀、手术刀、助产绳、毛巾、塑料布、纱布、注射器、针头，以及脸盆、胶鞋、工作服等。

（3）接产人员：产房应设有固定并非常有经验的接产技术人员。接产时应穿工作服，剪指甲，手和接产用具都要严格消毒，以防造成生殖系统的疾病。

2. 助产方法

为了保证犊牛顺利产出和母牛的安全，接产人员应严格遵守操作规程，按照以下步骤进行操作。

（1）发现母牛有分娩表现时，接产人员应用0.1%～0.2%的高锰酸钾温水溶液或1%～2%来苏儿溶液，洗净母牛外阴部及周围，并用毛巾擦干。

（2）当发现胎膜已破，羊水流出而母牛阵缩与努责微弱，胎儿已进入产道而产出延迟时，术者用手按压阴门上联合处，另一个人拉住胎儿两前肢，配合母牛努责，慢慢拉出。

（3）当阵缩和努责强烈，但迟迟不见破水，或胎膜已破而迟迟不见胎儿先露或排出时，术者立即进行产道与胎儿检查，确定胎儿方向、姿势和位置；检查产道的松软扩张程度和骨盆变化，以判断是否有难产的可能，并采取适当校正措施，将胎儿拉出。

（4）当胎儿头露出阴门外时，如果覆盖有羊膜，需撕破并清除掉，擦净胎儿口、鼻腔黏液，防止胎儿因窒息而死亡。但也不能过早撕破羊膜，以免胎水流失过早，使胎儿通过产道时干涩，影响分娩。

（5）胎儿头部通过阴门时，如果阴唇及阴门非常紧张，可用手拉开阴门并下压胎头，使阴门的横径扩大，促使胎头顺利通过，以免造成会阴和阴唇撕裂。

（6）牵引方法：正生时，用助产绳拴紧胎儿两前肢球关节处；

倒生时,用助产绳拴紧胎儿两后肢趾关节处。术者1人,助手2~3人,配合母牛的努责,牵引助产绳,将胎儿拉出。

3. 接产时注意事项

(1)为使肩部或髋关节宽度缩小,胎儿容易通过产道,在牵引胎儿时,应交替牵引两前肢或两后肢,不可同时用力拉紧两助产绳。

(2)胎儿通过产道困难时,应先将两前肢送回产道内,再拉胎头。当胎头出来后,两前肢可利用产道和胎颈之间的空隙顺利被拉出。

(3)胎水流出,产道干涩时,可向产道内灌注润滑剂(如液体石蜡)、肥皂水等,以润滑产道。

(4)牵引胎儿时要与母牛阵缩、努责相配合,用力应缓慢、均匀,不能强行硬拉。通过子宫颈、阴道时,应稍停留,使该部位扩张。

(5)拉出胎儿后,应检查产道和母牛全身状况,如有损伤、出血等,应及时处理,必要时应向产道内投入抗生素。对全身体况较差的母牛,可静脉注射5%葡萄糖盐水1 000~1 500毫升。

七、胚胎移植

胚胎移植是指将良种母牛的早期胚胎取出,或者是由体外受精获得胚胎,移植于生理状态相同的母牛体内,使之继续发育成为新的个体(又叫"借腹怀胎")。全过程包括超数排卵、胚胎的收集、胚胎的保存和移植。

(一)超数排卵

这是指在母牛发情周期的适当时间,注射促性腺激素,使卵巢比正常情况下有较多卵泡发育成熟并排卵,经过处理的母牛可一次排卵几个甚至十几个，所以称为超数排卵（简称"超排"）。

1. 供体牛超数排卵的处理方法

（1）孕马血清促性腺激素注射法：在母牛发情周期的第16天，一次肌肉注射孕马血清促性腺激素2 000~3 000国际单位，第19天、第20天各注射雌二醇2~3毫克，出现发情后静脉注射绒毛膜促性腺激素2 000国际单位。

（2）促卵泡素注射法：在母牛发情周期的第9天至第13天，开始肌肉注射促卵泡素1.75毫克，每天2次，每次间隔12小时，连续注射4天，共8次。超排处理72小时后静脉注射促黄体生成素100~200国际单位，或绒毛膜促性腺激素1 000~2 000国际单位。采用以上方法处理后，如果观察到供体母牛已发情，就按常规方法输精，间隔12小时再输精一次。

2. 胚胎的收集

（1）冲胚时间：一般在母牛发情后6~8天。此时的胚胎大多处于早期囊胚阶段，位于母牛的子宫角上端，由于其尚未与母体建立联系，所以可以用冲洗液洗出。

（2）冲胚方法（以二路式冲胚器为例，非手术法冲胚程序如下）：母牛保定架站立保定，用2%利多卡因5~15毫升在荐椎和第一尾椎之间实施硬膜外鞘麻醉；清除直肠粪便，并将外阴部冲洗干净；用扩张器扩张子宫颈，然后插入宫颈黏液检测器将黏液抽出；随后将带内芯的冲胚管插入子宫角，当冲胚管到达子宫角弯处时，拔出内芯5厘米左右，再把冲胚管往子宫角前端推进，当内芯再次到达子宫角弯处时，再向外适当拔出内芯，直到冲胚管到达子宫角前端为止；根据子宫大小注入10~20毫升空气；抽出冲胚管内芯，连接冲胚管和三通导管，轻轻地按摩子宫角，使冲胚液从输出管流入集胚杯中。反复几次，冲完一侧子宫角再冲另一侧，每个子宫角用500毫升冲胚液。两子宫角都冲完后,将气囊中空气放出,冲胚管抽出至子宫体,灌注抗菌素和前列腺素。

(3)检胚:从母牛生殖道冲出的冲胚液要保持在37℃,而后在20~30℃的无菌操作室内进行操作。目前检胚方法有两种:①沉降法。将带有胚胎的冲胚液接收于容器内,静止20~30分钟,然后胚胎下沉至底部,用吸管抽吸底部冲胚液,放入表面皿上,然后再用10~40倍体视显微镜找胚胎,并检查其发育情况。②过滤法。将胚胎及冲胚液用直径75微米左右的滤网膜进行过滤,再将胚胎和少量的冲胚液(30~50毫升)保留在滤杯内,然后再用体视显微镜很容易检出胚胎。

3. 胚胎的移植

(1)胚胎的分装:由于刚采集或刚解冻的胚胎体积尚小,在移植的过程中,肉眼看不到,较容易丢失。所以,向胚胎移植试管分装胚胎时,先吸少量培养液于管的一端,而后吸入一段空气,然后将含有少量培养液的胚胎吸入,随后再吸空气,最后再吸入一点培养液。即便如此,为了防止胚胎丢失,还需在细管的尖端保留一段空间。

(2)移植:其方法分为手术法和非手术法两种。目前,奶牛的胚胎移植主要采用非手术法。方法是将胚胎装入塑料细管内,然后将塑料细管装入胚胎移植器,备用。将受体牛保定、消毒和麻醉。移植人员先检查受体卵巢,确定黄体位于哪一侧,并记录发育状况。只有卵巢上有黄体生长,而且发育良好的母牛才能做受体牛。移植时,首先分开受体母牛的阴唇,将移植器插入阴道(为防止阴道污染移植器,在移植器外面套上消毒好的塑料薄膜,当移植器前端到达子宫颈外口时,再将塑料薄膜撤回),按直肠把握输精的方法,使移植器插入子宫颈,到达子宫角时,将胚胎缓慢注入(由于受体母牛刚发情6～8天,子宫颈口封闭较紧,移植人员在操作时,要防止损伤子宫颈)。

（二）控制母牛发情

1. 同期发情

同期发情的基本原理,是通过调节发情周期(指母牛从开始发情之日起到下一次发情开始之前的时间),使用延长黄体期或缩短黄体期的方法,使动物同期发情并排卵。具体方法有:注射前列腺激素、注射促性腺激素、注射促性腺激素释放激素等。具体用量参考各自的使用说明书。

2. 胚胎分割

这是通过对胚胎的显微分割手术,人工制造同卵双胎或同卵多胎的方法,也是胚胎移植中增加胚胎来源的一条途径。这一技术发展很快,目前二分胚的研究已进入开发利用阶段,四分胚也已试验成功。中国科学院遗传研究所1988年分割6枚7～7.5天的桑葚胚为四分胚,共得23个四分胚,为12头受体牛移植后,结果有2头母牛妊娠,其中一头产下1对同卵双胎,另一头产下1头母犊。

3. 体外授精

这是指奶牛的卵子和精子在体外人工控制的环境中,完成授精过程。体外授精已成为一项重要的繁殖技术,全过程包括卵母细胞的采集、卵母细胞的成熟培养、体外授精。

（1）卵母细胞的采集:卵子可由屠宰场屠宰的母畜卵巢中获得,如在宰前以促性腺激素处理,使多数卵泡发育,则可获得更多卵子。

（2）卵细胞的成熟培养:从卵巢上获得的卵母细胞是初级卵母细胞,将细胞在特殊的培养液中继续发育,进行成熟分裂,达到可以受精的阶段。

（3）体外受精和移植：卵子先进行体外受精，经体外培养后才能进行移植。世界上第一头体外受精犊牛，是美国科学家在1981年6月9日获得的。我国许多科学家已掌握此项技术，如中国工程院院士、内蒙古大学原校长旭日干教授于1989年获得了第一批试管羔羊和犊牛。

第七章 奶牛的饲养管理

一、奶牛的体况评定

奶牛体况,是指奶牛脂肪沉积的状况,又称膘情。因体况与奶牛产奶、繁殖的关系极为密切,所以体况评定受到奶牛饲养者的普遍重视。检查奶牛体况最简单、最有效的方法是体况评分。体况评分是根据肉眼观察和用手触摸奶牛的尾根、尻角(臀端)、腰角、脊柱(指椎骨棘突和腰椎横突)及肋骨等部位的皮下肌肉、脂肪的蓄积情况而进行的直观评分。

1. 评定时间

奶牛各个阶段都可以进行体况评定,但在生产中常常具有如下规定。

(1)后备母牛:一般从7月龄开始,每隔1~2个月进行一次体况评定。重点是7~12月龄和第一次配种及产前2个月。

(2)成年母牛:在一个产奶周期,一般进行5次体况评定,即分娩期、泌乳高峰(产后21~45天)、配种时(产后60~110天)、泌乳后期(干奶前60~100天)和干奶期。

2. 评定过程

首先观察牛体大小,整个外貌丰满程度;然后触摸肋骨间部位,再从肋骨滑向脊背,沿着脊椎骨感觉脂肪沉积情况,再从背部,沿着韧带到腰角,从腰角至臀角到尻角,评估其肌肉、脂肪多少及厚薄程度;最后把手从尻角向上至尾根,触摸该部位脂肪的多少及凹陷深浅。

3. 评分原则

奶牛体况评定主要侧重于背线、肋骨、腰臀及尾根等部位,根据肌肉和脂肪沉积程度给予相应的分值,过去都采用5分制,评定比较方便,但不太准确。具体评分标准见表7-1。

表7-1 奶牛体况评分标准

体况评分	评分标准	备注
1.0分	·脊椎骨明显,节节可见,背线呈锯齿状 ·腰横突之下,两腰角之间及腰臀之间有深度凹陷 ·肋骨根可见,腰角及臀端轮廓毕露 ·尾根下凹陷很深,呈"V"形	奶牛极度消瘦,呈皮包骨头状
2.0分	·脊椎骨突出,背线呈波浪形 ·腰横突之下,两腰角之间及腰臀之间呈明显凹陷 ·肋骨清晰,腰角及臀端突起分明 ·尾根下凹陷明显,呈"U"形	整体消瘦但不虚弱,有精神感
2.5分	·脊椎骨似鸡蛋锐度,看不到单根骨头 ·腰横突之下,两腰角之间及腰臀之间凹陷 ·肋骨可见,边缘丰满,腰角及臀端可见但结实 ·尾根两侧下凹,但尾根上已开始覆盖脂肪	奶牛较清秀,是产奶早期和性成熟前期牛的理想体况
3.0分	·脊椎骨丰满,背线平直 ·腰横突之下略有凹陷 ·肋骨隐约可见,腰角及臀端较圆滑 ·尾根两侧仍有凹陷,尾根上有脂肪沉积	清秀健康,是产奶中牛的理想体况
3.5分	·脊椎骨及肋骨上可感到脂肪沉积 ·腰横突之下凹陷不明显 ·腰角及臀端丰满 ·尾根两侧仍有一定凹陷,尾根上脂肪沉积较明显	这是产奶后期牛、干奶前期牛及青年牛产犊时的理想体况

续表

体况评分	评分标准	备注
4.0分	· 脊突两侧近于平坦, 肋骨不显现 · 腰横突之下无凹陷 · 尻部肌肉丰满, 腰角与臀端圆滑 · 尾根两侧凹陷很小, 尾根上有明显脂肪沉积	属丰满健康体况, 是干奶后期奶牛、围产期奶牛理想体况
4.5分	· 脊部 "结实多肉" · 腰角与臀端丰满, 脂肪堆积明显 · 尾根两侧丰满, 皮肤几乎无皱褶	属肥胖体况
5.0分	· 背部 "隆起多肉"	属过度肥胖体况

4. 体况评分的应用

现代奶牛生产是根据阶段饲养理论, 将育成牛和泌乳牛的饲养分别划分为若干阶段, 奶牛在每个阶段都有一定的体况表现, 如干奶期奶牛体况应达到并保持在3.5~3.75分, 而产奶高峰期应保持在2.5~3分, 不要过肥, 也不能过瘦。进行奶牛体况评定是为了应用评分的结果, 指导奶牛各个阶段的生产。应根据奶牛的评分结果进行群体营养水平的调整, 或对个体饲喂量进行增减。如对体况比较差的奶牛或群体, 应考虑调整该阶段奶牛日粮结构(精粗料比例)或营养水平(混合精料配方)。

二、犊牛的饲养管理

犊牛是指从出生到6月龄的牛。根据犊牛的哺乳情况可分为初生犊牛、哺乳犊牛和断奶犊牛。

(一)初生犊牛的护理

出生5天以内的犊牛, 叫初生犊牛。

特点：组织器官尚未充分发育，消化道黏膜容易被细菌侵袭；皮肤保护机能差；神经系统反应不灵敏；瘤胃容积小，无淀粉酶（所以3周内不反刍）；抵抗力低，对外界环境适应能力弱。这一时期的饲养管理是关系到犊牛能否存活和正常生长发育的关键时期。因此，犊牛由母体产出后应立即做好以下工作：

1. 清除口鼻腔的黏液

主要是避免黏液吸入气管和肺内影响犊牛的正常呼吸。如果犊牛产出时已将黏液吸入而造成呼吸困难时，应立即采取救治措施。

2. 断脐

在清除口鼻腔黏液后，距脐带基部6~8厘米处，用两手撕断（或用消毒过的剪刀剪断），然后用5%碘酒浸蘸消毒2分钟。（见图7-1）

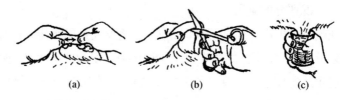

(a)　　　　　　(b)　　　　　　(c)

图7-1　断脐法

（a）两手撕断法　（b）剪断法　（c）浸蘸法

3. 擦干被毛和称初生重

断脐后，应尽早擦干被毛，以免犊牛受凉，然后在哺喂初乳以前空腹称初生重。

4. 补喂初乳

初乳是母牛产犊后5天内所分泌的乳。初乳的作用：

（1）覆盖胃肠黏膜：初乳含有较多的干物质，黏度大，能覆盖在犊牛消化道表面，起到屏障的作用，可阻止细菌侵入血液。

（2）能杀死多种细菌：初乳中含有溶菌酶，能杀灭进入血液的多种细菌，防止系统感染、腹泻和阻止微生物进入血液。

(3)提高犊牛抗病力:初乳中含有大量免疫球蛋白(2%~12%,也叫抗体),其中主要包括免疫球蛋白G、免疫球蛋白A和免疫球蛋白M,分别占到免疫球蛋白的80%、8%和5%~12%,从而提高犊牛的抗病能力。

(4)可使胃液变成酸性:初乳含有较高的酸度(45~50°T)(°T符号是表示牛乳的酸度。滴定酸度简称"酸度"),可使胃液变成酸性,从而刺激消化道分泌消化液,而且有助于抑制有害细菌的繁殖。

(5)能排除胎粪:初乳中含有大量镁盐,有利于胎粪的排出。

初乳的饲喂方法:

(1)犊牛出生后0.5~1小时,必须吃上初乳。

(2)目前多采用经过严格消毒的带橡胶奶嘴的奶壶喂奶,它能促使犊牛食道沟反射完全,闭合成管状,乳汁直接全部流入皱胃(牛的第四胃)。用盆或桶喂奶因吃奶过急,食道沟闭合不全,乳汁容易进入瘤胃(牛的第一胃),由于异常发酵,易造成犊牛死亡。

(3)注意奶壶的卫生、消毒和乳的温度(35~38℃),不能过高或过低。补喂时应根据犊牛体重大小,决定供给量。一般每10千克体重喂1千克奶,每天2~3次,每次约2千克。

(4)为了防止犊牛下痢,可在犊牛出生的第3~30天,补喂金霉素,每天每头250毫克。

5. 打耳标、记录

(1)打耳标:用耳标钳在犊牛左耳上戴上印有相应犊牛号的标记物,是目前对奶牛进行标识的常用方法。耳标上的编号顺序是:省(市、自治区)、奶牛场、年度、奶牛序号,共10位数码。

(2)记录:犊牛吃完初乳后应立即填写犊牛卡片,内容包括父母的名号、本身名号、出生日期、性别、初生重、毛色及其特征等。

（二）常乳期犊牛的饲养

从7日龄~2月龄的犊牛,叫常乳期犊牛。

1. 饲喂常乳

犊牛出生5天以后的乳,叫常乳。

犊牛的哺乳期和哺乳量:传统哺乳期为6个月,喂奶量800~1 000千克。现代哺乳期为2个月,喂奶量250~300千克。关于犊牛2月龄喂奶量和喂料量,见表7-2。

2. 犊牛开食料

它是犊牛早期断奶所使用的一种特殊饲料。其特点是营养全面,易消化,适口性好,是专用于犊牛的全价混合精料。其配方及营养成分,见表7-3。

表7-2　犊牛2月龄喂奶量和喂料量

日龄	喂奶量（千克）			喂料量（千克）	
	日喂量	次数	总量	日喂量	总量
1~7	4~6	3	28~42	0	0
8~15	5~6	3	35~42	0.2~0.3	1.4~2.1
16~30	6~5	3	84~70	0.4~0.5	3.2~4.0
31~45	5~4	2	70~56	0.6~0.8	9~12
46~60	4~2	1	56~28	0.9~1.0	13.5~15
合计			273~238		27.1~33.1

表7-3　犊牛开食料配方及营养成分

原料	配方比例（%）	营养成分	
玉米	40	产奶净能（兆焦/千克）	8.19
豆粕	24	粗蛋白质（%）	23.9
燕麦	25	钙（%）	1.29
进口鱼粉	8	磷（%）	0.74

续表

原料	配方比例（%）	营养成分	
骨粉	1	粗纤维（%）	5.21
碳酸钙	1		
盐	1		
另加糖蜜	5		

注：①12周龄前每千克体重犊牛料加3.96克金霉素；②每千克体重犊牛料加维生素A 4 400国际单位，维生素D 600国际单位，土霉素粉22毫克。

3. 犊牛早期饲喂植物性饲料

（1）精料：出生后7天开始训练采食精料，开始饲喂20克左右，以后随着日龄增加逐渐增多，1月龄时每天采食250~300克，2月龄时500~700克。

（2）青绿多汁饲料：在3周龄时可哺喂青绿多汁饲料（如胡萝卜、甜菜等），每天先喂20克左右，逐渐增加喂量，到2月龄时可增加到1~1.5千克。

（3）干草：由于干草纤维含量高，消化率低，在犊牛哺乳期，一般不喂，但为了促进瘤胃早期发育，并防止舔食脏物或污草，可以少量喂一些优质干草。犊牛出生后10天开始训练自由采食干草。

（4）青贮料：由于酸度大，过早饲喂会影响瘤胃微生物区系的正常建立，所以从2月龄后开始供给，最初每天100~150克，到6月龄时喂4~5千克。

（5）充足的饮水：出生后1周开始，可在水中加适量牛奶，水温35~38℃，10~15天后饮常水，但要防止暴饮。

4. 断奶方法

根据我国目前奶牛生产水平，采用2个月龄哺乳期，总喂奶量为255~293千克。当犊牛连续3天采食开食料达到1千克以上时，即可断奶。实行犊牛早期断奶,对犊牛的生长发育、初情期、投产时间、受胎率、产奶量及利用年限等,基本没有影响。因此,早期断奶应大力推广。

(三)断奶犊牛的饲养

2~6月龄的犊牛,称为断奶犊牛。特点:刚断奶的犊牛在1~2周内日增重较低,而且毛色缺乏光泽、体重下降、消瘦、腹部下垂,甚至行动迟缓、不愿活动,这是犊牛瘤胃机能和微生物群系正在建立,尚未发育完善的缘故。随着犊牛采食量增加,上述现象很快消失。

1. 分群饲养

将月龄和体重相近的犊牛分为一群,每群30~50头。

2. 日粮营养需要和组成

营养需要:犊牛断奶后继续饲喂开食料。此外还要考虑瘤胃容积的发育,保证日粮中中性洗涤纤维(植物性饲料经中性洗涤剂煮沸处理,不溶解的残渣为中性洗涤纤维,主要为细胞壁成分,其中包括半纤维素、纤维素、木质素和硅酸盐)不低于30%。

日粮组成:开食料1.4~1.8千克,禾本科与豆科混合干草1.8~2.2千克。在此期间要求日增重不低于760克,体重达到175千克,体高达到105厘米。精粗料搭配比例,见表7-4。

表7-4 断奶至6月龄日粮精粗料比

项目	数量
平均体重(千克)	150
估计采食量(千克/日)	3.2~4.0
优质粗干草(千克/日)	1.8~2.2
精饲料(千克/日)	1.4~1.8
劣质粗饲料(千克/日)	0.9~1.4
劣质精饲料(千克/日)	2.3~2.7

注：优质粗饲料指可消化总养分大于60%，如玉米青贮、早期成熟牧草；一般粗饲料指可消化养分为54%~56%，如处于开花中晚期的苜蓿；劣质粗饲料指可消化养分为48%~50%，如稻草、劣质干草等。

（四）犊牛的管理

1. 哺乳卫生

（1）用具消毒：奶壶或奶桶每次喂完奶后要严格清洗消毒，其程序是：冷水冲洗→2%碱水擦洗→温水（35~40℃）漂洗干净晾干→使用前再用85℃热水冲洗。

（2）防止舔癖：每次喂完奶后，用干毛巾将犊牛口、鼻周围残留的乳汁擦干。然后用颈架夹住10分钟，防止犊牛相互乱舔，因相互乱舔可造成脐带炎、睾丸炎、乳头炎。另外，舔食的毛容易形成扁圆形毛球，容易堵塞食道沟或幽门而引起死亡。

2. 单栏露天培育

犊牛出生3天即可饲养在室外单栏内，30天后转入群栏饲养，60~120天可转入育成牛舍。应经常保持牛栏内清洁卫生、阳光充足、通风、保温。另外，要经常观察犊牛的健康状况，如发现异常，应及时采取有效措施。

3. 运动

犊牛出生后8~10日龄，可在运动场内短时间（0.5~1.0小时）运动；1月龄可增至2~3小时。在冬季可适当减少运动，但要根据气候变化，灵活掌握。

4. 刷拭

每天从犊牛的头部到后部，从上到下刷拭牛体1~2次。

5. 去角

为了减少牛与牛之间的相互争斗而造成的伤害，要去角。时间在犊牛1月龄左右开始。常用的方法有三种：电烫法、苛性钠法、电动去角法（见图7—2），目前最常用的是电动去角法。具体方法：将电动去角器通电升温至480~540℃，然后将犊牛保定好，尤其头部，手持电动切割器沿距角基部3~5厘米处将角环形切下，要求刀片平，速度快，手法稳，一般一次可成功。因在切割过程中刀片高速转动摩擦产生极高温度，角质中的毛细血管已被烫住，所以此法出血少。对少数角基切下后有出血的，可用电烙铁烙烫止血，然后用5％碘酒涂布，消毒创面。去角后犄角空腔的创口较大，为防止感染，腔内可撒一些抗感染药物，再用碘酒棉球将腔填满，但切忌塞得太紧，一般两个月左右创口可自然长平。术后注意观察创面愈合状况，发现感染应及时处理。

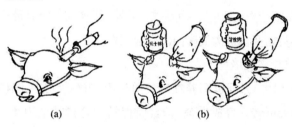

(a)　　　　　　(b)

图7-2　去角

（a）电烫法　　（b）苛性钠法

6. 切除副乳头

正常乳房有4个乳头，其中多余的乳头叫副乳头。由于奶牛成年后在挤奶时，副乳头不但妨碍清洗乳房，还容易引起乳房炎。所以，应在犊牛阶段将副乳头切除，适宜时间是1周龄左右。切除方法：先将乳房周围部位洗净和消毒，将副乳头向下拉直，用止血钳将副乳头基部夹紧，然后用锐利的刀片或剪刀从乳头基部将副乳头割下或剪下，切除后在伤口上涂以5％碘酒。另外，还用胶皮圈从副乳头根部紧紧勒紧，过1周后可自动脱落掉。

7. 预防疾病

犊牛发病率高的时期,是出生后的头几天,主要疾病是肺炎、下痢。其中肺炎是由环境温度的突然变化引起,所以预防措施是做好保温工作。下痢是多种原因导致,一是病原微生物造成的下痢,二是营养性下痢。其预防办法是注意奶的喂量不要过多,温度不要过低。

三、育成牛的饲养管理

从7月龄到配种前(14~16月龄)的母牛统称为育成牛。特点是:瘤胃发育迅速,在此阶段育成牛的瘤胃机能已相当完善,可让育成牛自由采食优质粗饲料,如牧草、干草、青贮等;生长迅速、抵抗力强、发病率低,易管理。由于整株玉米制作的青贮含能量较高,所以要限量饲喂,以防过肥。

饲养目的:使育成牛按时达到理想的体型、体重标准和性成熟,按时配种受胎,并为终生有一个较高的生产性能打下良好基础。

(一)育成牛的饲养

1. 7~12月龄

在此阶段由于瘤胃的容积大大增加,利用青粗饲料的能力明显提高。所以,日粮应以优质青粗饲料为主。在此阶段的理想体重为300千克,体高115厘米,胸围159厘米,日增重为600克。此期不宜增重过快,以免大量脂肪沉积于乳房,影响乳腺组织发育,致使成年后产奶性能低下。此期营养需要为,产奶净能7.35兆焦/千克,粗蛋白质14%,钙0.5%,磷0.4%,中性洗涤纤维20%。其饲养方案见表7—5。

表7-5 7~12月龄饲养方案　　　　单位：千克

月龄	混合精料	干草	青贮
7~8	2.0	0.5	10.8
9~10	2.3	1.4	11.0
11~12	2.5	2.0	11.5

2. 13~16月龄

在此期育成牛瘤胃已具有充分的功能，对粗饲料的消化能力有了进一步提高，可大量利用低质粗饲料。另外，此期母牛生殖器官和卵巢的内分泌功能更趋健全。为了促进育成牛乳腺和性器官的发育，其日粮中要适量增加青贮、块根、块茎类饲料的喂量。研究表明，此阶段的育成牛因营养丰富、过于肥胖，容易造成不孕或难产；但营养不足也容易造成母牛发育受阻，推迟发情及配种。因此，应注意营养水平的调控。一般15~16月龄体重达到350~400千克时，即可配种。

在此期矿物质营养特别重要，磷酸氢钙是良好的钙、磷补充料，日粮中还应充分供给微量元素和维生素A、维生素D、维生素E。其营养需要与7~12月龄相同。其饲养方案见表7-6。

表7-6 13~16月龄饲养方案　　　　单位：千克

月龄	混合精料	干草	糟渣类	青贮
13~14	3.0	2.5	2.5	12~14
15~16	3.5	3.0	3.3	13~16

（二）育成牛的管理

1. 分群

育成牛应根据月龄和体重大小进行分群。在生产中一般以3个月以内为限进行分群。这样尽管营养需要差别较大，但避免了频繁转群对生长发育的影响。

2. 称重

为了掌握育成牛的生长发育情况,应在6月龄、12月龄及配种前,进行体尺、体重测定,并记入档案,作为培育选种的基本资料。

3. 初次配种

当育成牛达15~16月龄、体重达到成年体重的60%~70%,体重350千克以上时,应及时配种。

四、青年牛的饲养管理

青年牛是指16~24月龄的青年妊娠母牛。

（一）妊娠前期阶段

指16~21月龄(妊娠前6个月),在此阶段仍按配种前日粮饲养。要求体重达到392~446千克。营养水平为产奶净能7.35兆焦/千克,粗蛋白质14%,钙0.4%,磷0.3%,中性洗涤纤维42%。每天供给量为: 精料2.0~2.5千克,干草9~10千克,青贮10~15千克。

（二）妊娠后期阶段

指22~24月龄(妊娠后的3个月),在此阶段要求体重达到495~540千克。其日粮营养水平为产奶净能5.7兆焦/千克,粗蛋白质12%,钙0.3 %,磷0.2 %,中性洗涤纤维48%。每天供给量为: 精料2.5~3.0千克,干草3~5.5千克,青贮6千克。

（三）青年妊娠母牛的管理

1. 适宜的体况（膘情）

母牛分娩前2个月,为满足胎儿后期发育的营养需要,应逐渐增加精料比例,以适应分娩后对大量精料摄入的要求。饲喂时要看膘情灵活掌握,控制在分娩时达到理想的体况(3.5分)。

2. 牛体刷拭

一般用铁刮或毛刷,每天刷拭2次,在挤奶前1小时内完成。既能清除牛身上的污垢,保持牛体清洁,促进血液循环,增进新陈代谢,有利健康和增产,又可预防体外寄生虫病,同时有助于培养奶牛温顺性情,便于饲养人员的管理。

3. 修蹄

修蹄对奶牛产奶、繁殖、延长利用年限、减少肢蹄病的发生,都具有重要作用。一般对母牛每年春秋各修蹄一次。平时要保持牛舍通道、牛床、运动场地面干燥、清洁,防止地面上的碎石或尖锐异物损伤牛蹄。每年定期用10%的硫酸铜或3%福尔马林溶液浴蹄。

4. 运动

运动对舍饲奶牛提高产奶量,改善繁殖力和体质状况都有好处。运动能促进血液循环,增强体质,增进食欲,防止腐蹄病,同时户外运动还可让奶牛接受紫外线照射,有助于观察发情,发现疾病。因此,要保证奶牛每天至少2~3小时的户外运动。

5. 饮水

饮水对奶牛非常重要,特别是对产奶牛,如果饮水不足会直接影响奶牛的产奶量。一般来说,奶牛每采食1千克饲料干物质,需饮水3.5~5.5千克,因此一头日产奶50千克以上的奶牛,每天需饮水100~150升,中低产奶量每天需饮水60~70升。随着季节和气温变化,饮水量略有增减。

6. 按摩乳房和计算预产期

(1)按摩乳房:从怀孕5~6月开始到分娩前15天止,每天按摩乳房一次,每次3~5分钟。切忌拭挤奶头。

(2)计算预产期:方法是配种月份减3,日数加6。例如:2010年4月16日配种,预产期为2011年1月22日。

五、泌乳牛的饲养管理

泌乳牛是指产犊后的母牛。饲养的目的,就是使奶牛健康长寿,多繁殖优良后代,提供量多、质优的牛奶,创造更大的经济效益。

(一)泌乳周期

泌乳周期是指从这次产犊开始到下次产犊为止的整个过程,大约10个月(305天),干奶期2个月。一个完整的泌乳周期包括如下过程:

1. 泌乳—干奶—泌乳

母牛产犊后开始泌乳,为满足妊娠后期胎儿的营养需要,让母牛在产犊前2个月停止产奶,产犊后又重新泌乳。

2. 配种—妊娠—产犊

母牛产犊后60~90天配种,妊娠期平均280天,然后产犊。从这次产犊到下次产犊间隔期为12~13个月。

(二)产奶阶段的划分

根据奶牛生产周期一般分为五个阶段。

(1)干奶期:是指母牛产奶结束到下一次产犊之间的间隔,大约持续45~75天。特点是:奶牛虽然不产奶,但是奶牛要为胎儿生长、乳腺修复以及下一个泌乳期的到来而做体力和营养上的准备,因此是一个必须的过渡阶段。

(2)泌乳初期:是指母牛产犊后的15天。特点是:由于奶牛刚产完犊牛,失水过多,身体特别虚弱,食欲也较差,所以又叫恢复期。

(3)泌乳盛期:是指母牛产后16~70天。特点是:产奶量上升比较快,而采食量上升比较慢,能量需要比实际摄入量高,奶牛必然要消耗自己身体上的脂肪来补充,因而体重下降,奶牛开始处于能量负平衡状态。

(4)泌乳中期:是指母牛产后70~140天。特点是:产奶量开始缓慢下降, 奶牛采食量增加, 泌乳所需要的能量与奶牛所摄入的能量基本持平。奶牛不再消耗自己的脂肪, 因此, 体重开始上升。

(5) 泌乳后期: 是指母牛产后140天到停奶。特点是: 奶牛的产奶量和采食量都下降。奶牛摄入的能量比所需要的能量增多, 因此, 奶牛体重增加。

(三) 围产期的饲养管理

围产期指母牛产前15天和产后15天这段时期。按传统的划分方法, 产前15天属于干奶后期, 又叫围产前期; 产后15天属于泌乳初期, 又叫围产后期。围产期奶牛一般在专门的产房进行饲养管理, 其饲养管理的好坏直接关系到母牛的正常分娩、健康以及产后生产性能的发挥和繁殖效率。因此, 对围产期的饲养管理, 除了干奶后期和泌乳初期的饲养管理以外, 还应做好以下特殊工作。

1. 围产前期的饲养管理

(1) 母牛临产前1周乳房可能会发生水肿、肿胀, 应减少多汁饲料的供给量; 在产前2~3天, 在日粮中添加适量麸皮以增加饲料的轻泻性, 防止母牛便秘。

(2) 日粮中应适当补充维生素A、维生素D、维生素E和微量元素, 对产后子宫的恢复, 提高产后配种受胎率, 降低乳房炎、胎衣不下的发病率, 提高母牛产奶量, 具有良好作用。

(3) 对过肥母牛或有过酮血病史的母牛, 应在产前7天内日粮中添加6~12克烟酸 (维生素PP), 可调节糖和脂肪代谢, 预防酮血病。

(4) 给干奶期母牛饲喂过瘤胃蛋白或氨基酸 (蛋氨酸、赖氨酸等), 可使母牛产后一段时间内的乳蛋白含量增加, 减少妊娠后期母体养分的分解, 从而提高产后的泌乳性能。

2. 围产后期的饲养管理

（1）喂给温热的麸皮盐水汤：由于母牛在分娩过程中体力消耗过大，损失大量水分，体力很差，所以在分娩后首先喂给温热的麸皮盐水汤（麸皮1~2千克，食盐100~150克，碳酸钙50~100克，水15~20千克），以补充水分，促进体力恢复和胎衣排出。其次，给予优质干草让其自由采食。为了使母牛产犊后恶露排净和产后子宫早日恢复，还应喂饮益母草红糖水（益母草粉250克，先加水500毫升煮成水剂后，加红糖500克，加水3千克，水温38℃），每天1次，连用2~3天。

（2）精料采用"引导饲养法"：所谓引导饲养法，是指母牛在产前2周开始，除饲喂足够的粗饲料外，每天饲喂1.8千克精料，以后每天增加精料0.45千克，直到奶牛100千克体重采食1千克精料为止。干草主要以优质干草为主，并注意饲料的适口性，但应控制青贮、多汁、块根类饲料的供给。

（3）哺喂初乳：母牛产犊后应立即挤初乳饲喂犊牛，但由于母牛乳房水肿尚未恢复，体力较弱，第一天挤出够犊牛吃的奶量即可，第二天挤出乳房内奶量的1/3，第三天挤出1/2，第四天可全部挤完。

（4）母牛外阴部消毒：应注意母牛外阴部的消毒和环境的清洁干燥，防止产后疾病发生。

（5）加强母牛产后的监护：尤其要注意胎衣的排出与否及完整程度，以便及时处理。

（6）冬天保温夏天防暑：在夏季要注意产房通风与降温，在冬季要注意保温与换气。

3. 接产与助产

（1）当外阴部见到胎膜后应进行胎位检查，如胎位正常可不必助产，让母牛自己产出。如胎位不正，首先要对胎位进行校正。（见图7-3）

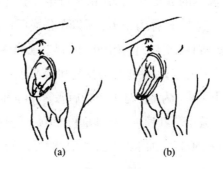

图7-3 接产

（a）正产 （b）倒产

（2）如果看到胎膜和前肢后，经1小时以上胎儿仍不能正常产出时，要进行助产。其方法：用助产绳拴住胎儿前肢球节以上部位，用人拉住助产绳，随着母牛的努责慢慢进行牵引。牵引方向应与产道方向相一致，并护住母牛阴门，防止将阴门撕裂。一鼓作气，将胎儿拉出。如果遇到异常情况如难产等应请兽医处理。（见图7-4）

图7-4 助产

（3）在胎儿产出后5~6小时内胎衣正常排出，要仔细观察胎衣的完整情况。如胎儿产出后12小时以上胎衣还未排出，就叫胎衣不下，应及时处理。

（4）如果胎儿产出后母牛仍进行努责，则有双胎的可能。

（四）奶牛不同泌乳阶段的饲养管理

1. 干奶期母牛的饲养

干奶期指产犊前45~75天内停奶这段时间。

（1）干奶期的意义：有利于胎儿的正常发育，有利于母牛本身体质的恢复，有利于乳腺细胞的修复。

（2）干奶期的长短：根据母牛的年龄、体况、泌乳性能而定。对初产、老龄、高产、体况较差的母牛，干奶期可适当延长，一般为60~75天。对产奶量低、体况较好的母牛，可适当短一些，一般为45~60天。对流产、死胎的母牛，同样应根据泌乳时间、产奶量的多少及体况进行正常干奶。总之，生产实践证明，干奶期以45~75天为宜，平均为60天。

（3）干奶方法：

逐渐干奶法：指在10~15天内对母牛停止挤奶的方法，一般多用于高产奶牛。具体方法是：在预定停奶前1~2周开始停止乳房按摩，改变挤奶次数和挤奶时间，由每天3次挤奶改为2次，而后每天1次或隔日1次；改变日粮结构，停喂多汁饲料，减喂精料，多喂干草，控制饮水。通过这些处理，当日产奶量降至3~5千克时，即停止挤奶。

快速干奶法：指5~7天内使奶完全停止的方法，一般用于低产奶牛。具体方法是：从干奶的第1天起，适当减少精料，停喂多汁饲料，控制饮水，打乱挤奶次数，一般经5~7天左右都可成功。但停奶后的3~4天内，要随时注意乳房变化，乳房最初可能会继续肿胀，只要乳房不出现红肿、热痛等不良现象，就不必管它。经3~5天后，乳房内积存的奶即会逐渐被吸收，约10天乳房收缩变软，说明干奶成功。如果停奶后乳房出现过分肿胀、红肿或滴奶等现象，说明干奶未成功,待乳房炎症消失后再重新干奶。

封闭乳头:目的是预防母牛产犊后乳房炎的发生。具体方法是:最后一次将奶彻底挤净,将干乳灵或干乳康注射液每个乳房注射1针,然后用金霉素软膏对准乳头孔挤入乳头内,以后就不再触动乳房。

(4)干奶母牛的饲养:

干奶前期的饲养:从停奶开始到母牛产犊前15天,为干奶前期。特点:母牛泌乳活动完全停止,乳房恢复正常。在此期精料不宜饲喂过多,主要以粗饲料为主。因此,为控制精料供给量,应根据奶牛体况决定其喂料量。营养水平为产奶净能5.69兆焦/千克,粗蛋白质9.18%,钙0.53%,磷0.31%,粗纤维24.61%。对于营养或体况好的母牛(3~3.75分),每天供给精料1~2千克,干草5千克以上,青贮8~10千克;对营养不良的母牛(3.5分以下),每天供给精料1.5~3千克,干草8~10千克,青贮10~15千克;对营养特别差的高产奶牛(3分以下),每天供给的精料量应占体重的0.8%~0.9%为宜。总之,干奶期母牛营养要适当,不可过多增重,否则会导致难产,母牛产后食欲下降,易引发酮血症和脂肪肝。

干奶后期的饲养(围产前期):指母牛产犊前15天至分娩,其饲养要点,日粮应提高蛋白质水平;为预防产后瘫痪发生,应采用低钙日粮饲养法。营养水平为产奶净能6.27兆焦/千克,粗蛋白质11%,钙0.3%,磷0.3%,粗纤维18%。每天供给精料2~3千克,干草5千克以上,青贮6千克。

(5)干奶期母牛的管理:

一是加强户外运动,增加日照,以防止蹄病和难产;二是防止流产;三是冬天饮温水,不喂发霉变质饲料;四是加强牛体刷拭;五是加强环境卫生,防止乳房炎的发生。

2. 泌乳初期的饲养

泌乳初期是指母牛产犊后的15天。日粮营养水平：产奶净能6.33兆焦/千克，粗蛋白质13.05%，钙0.75%，磷0.54%，粗纤维0.35%。母牛产后2天内应以优质干草为主，适当补喂易消化的精料，如玉米、麸皮，并恢复钙在日粮中的水平和食盐的含量。对产后3～5天的奶牛，如母牛食欲良好、健康、粪便正常、乳房水肿消失，则可随产奶量的增加，逐渐增加精料和青贮喂量。一般每天增加精料量0.25～0.5千克为宜，优质干草每天每头5千克，青贮10～15千克，胡萝卜3千克，糟粕类饲料5千克。精粗料比为40∶60，体况评分为3.5分。在此期的饲养应以恢复奶牛健康，不过分减重为目标。

对于初次产犊的母牛，由于本身还尚未发育完善，在第一个哺乳期体重还要增加50～70千克以上。因此，对于初产母牛，产后的饲养标准要略高于同样产奶量、同样体重的经产母牛，一般在相同体重和产奶水平的经产母牛饲养标准基础上，再增加20%，以满足其本身继续生长发育的需要。此外，初产母牛的乳房体积较小，乳头短，乳管较细，还不习惯于挤奶，所以管理上要有耐心，慢慢调教，切忌捆绑或鞭打，以免养成踢人、仇视人的恶癖。最好是将初产母牛单独组群饲养。

3. 泌乳盛期的饲养

泌乳盛期是指产犊后16～70天。特点是：

（1）体况恢复，产奶量上升。从产犊17天以后体况逐渐恢复，乳房基本软化，随着饲喂量的逐渐增加，乳腺机能活动旺盛，产奶量上升，是整个泌乳期中产奶量最高的阶段。因此，此期饲养效果好坏，直接关系到整个泌乳期产奶量的高低。

（2）能量负平衡，体重下降。一般母牛产后4～6周开始出现产奶高峰，以后缓慢下降。但奶牛采食高峰出现于产后8～10周，这种产奶高峰与采食高峰不同步进行, 必然要引起能量负平衡。也就是说, 产奶上升快, 采食上升慢, 摄入的能量不足 (碳水化合物转化为葡萄糖不足, 使血糖降低), 满足不了奶牛每天产奶量上升所需足够的能量。因此, 母牛为满足产奶量所需的能量, 就动员自己体内的脂肪代谢加强, 使脂肪代谢中间产物升高, 血液酮体 (乙酰乙酸、丙酸、β-羟丁酸, 这三者合称酮体) 增加, 可造成奶牛酮血症的发生, 使奶牛体重下降, 进而推迟发情和造成屡配不孕, 产奶量下降。同时由于出现代谢性酸中毒, 可继发瘤胃弛缓、皱胃变位、蹄叶炎等疾病的发生。

（3）采取措施: 多喂优质干草, 自由采食; 提高精料能量水平, 或添加保护性脂肪 (如脂肪酸钙), 同时添加非降解蛋白 (如玉米蛋白粉); 精料中加入2%碳酸氢钠, 或每天每头牛在日粮中添加食用苏打50克 (防止瘤胃酸中毒); 增加饲喂次数 (由每天3次增加到4次); 供应适口性好的糟粕类、多汁饲料和足够量的矿物质和维生素。精粗料比60：40, 体况评分不应低于2分。

（4）饲喂方法: 此期通常采用 "预付" 饲养法 (或 "挑战" 饲养法), 逐渐增加饲料的喂量。除了根据产奶量按饲养标准供给饲料外, 再多给1~2千克精料, 以满足其产奶量继续提高的需要。在此期加喂 "预付" 饲料以后, 母牛产奶量也随之增加, 如果在10天之内产奶量增加了, 还应该继续 "预付", 直到产奶量不再增加, 才停止 "预付"。

研究表明, 采用 "预付" 饲养法, 可提高奶牛的产奶高峰, 使牛奶增加的优势持续整个泌乳期, 因而能显著提高全泌乳期的产奶量。但是精料的增加量最多不能超过每天每头15千克, 青贮饲料最多不能超过25千克, 以后随着产奶量的逐渐下降, 精料也随着逐渐减量。关于日粮营养水平与日粮组成见表7-7、表7-8。

表7-7　日粮营养水平

日产奶量（千克）	干物质进食量体重（%）	产奶净能（兆焦/千克）	粗蛋白质（%）	粗纤维（%）	钙（%）	磷（%）
30	3.5	6.9~7.5	14~16	16~20	0.8~0.9	0.4~0.6
40	3.5	7.5~8.15	16~20	16~20	0.9~1.0	0.66~0.7

表7-8　日粮组成

日粮种类	日产奶量30千克	日产奶量40千克
精料（千克）	12	15
干草	自由采食	自由采食
青贮（千克）	22	25
糟粕类（千克）	10	15
胡萝卜（千克）	4	5
小苏打（克）	50	100
过瘤胃脂肪（千克）	0.72	0.9
过瘤胃蛋白（千克）	0.34	1.5

4. 泌乳中期的饲养

泌乳中期指产犊后的71~140天。特点是产奶量平稳，采食量上升，体重不再下降。此期如果精料喂量过多，容易造成奶牛过肥，影响产奶量和繁殖性能。

（1）采取措施：降低日粮的能量水平和调整精料喂料量；将每月产奶量下降幅度控制在5%~7%，使其缓慢下降；根据奶牛的产奶量和体况供给精料，粗干草自由采食，供给足够的饮水，加强运动。精粗料比50∶50；体况评分2.5~3分。

（2）日粮营养水平与日粮组成见表7-9、表7-10。

表7-9　日粮营养水平

日产奶量（千克）	干物质进食量体重（%）	产奶净能（兆焦/千克）	粗蛋白质（%）	粗纤维（%）	钙（%）	磷（%）
30	2.5~3.5	6.7	12~14	0.8	0.6	20
40	3.0~3.5	7.5	13~15	0.8	0.6	20

表7-10　日粮组成

日粮种类	日产奶量30千克	日产奶量40千克
精料（千克）	11	12
干草	自由采食	自由采食
青贮（千克）	20	22
胡萝卜（千克）	2.5	3
小苏打（克）	50	100

5. 泌乳后期的饲养

泌乳后期指产后140天至停奶前这段时间。特点是：产奶量下降速度加快，每月下降8%~12%。食入的营养与排出的营养呈正平衡，体重增加。

（1）饲养措施：除防止产奶量下降过快外，为保证胎儿正常发育，需要有一定的营养储备，但不宜过肥；体况维持在3~3.5分，并按时进行干奶；在此期理想的总增重为66千克；日粮营养可适当降低，精粗料比为30∶70即可。

（2）日粮营养水平与日粮组成见表7-11、表7-12。

表7-11　日粮营养水平

日产奶量（千克）	干物质进食量体重（%）	产奶净能（兆焦/千克）	粗蛋白质（%）	粗纤维（%）	钙（%）	磷（%）
15~20	2.5~3.5	5.9~6.9	13~14	0.7~0.9	0.5~0.6	18~20

表7-12　日粮组成

日粮种类	日产奶量20千克	日产奶量15千克
精料（千克）	6.5	5
优质干草（千克）	4	4
青贮（千克）	8	15
糟粕类（千克）	8	6
小苏打（克）	50	—

6. 泌乳奶牛的管理

（1）母牛产犊后要注意子宫的恢复情况，如发现炎症要及时治疗，以免影响发情受胎。

（2）母牛产犊2个月后应观察发情情况，如正常发情即可配种，如发情不正常要及时检查处理。

（3）母牛在泌乳盛期，要注意对饲料的消化情况，防止采食精料过多，发生各种疾病。

（4）保证每天刷拭牛体，并加强户外运动。

（5）保证母牛足够量的饮水，且冬天饮温水。

（6）要吊挂盐砖，防止奶牛产生异食癖。

（7）饲喂方法上要定时定量，少喂勤添。

（8）如果更换饲料，要逐渐进行。

（9）饲料过筛，防止异物。

（10）饲喂顺序：先粗后精、先干后湿、先喂后饮。

（11）规模较大牛场，最好应用全混合日粮（英文叫做TMR）饲喂技术。

六、泌乳牛夏季与冬季的饲养管理

（一）夏季奶牛的饲养

奶牛是怕热不怕冷的家畜。尤其在炎热夏季，由于牛体散热困难,常常会造成奶牛体温升高,呼吸加快,皮肤代谢发生障碍,食欲下降,采食量减少,摄入的营养降低,从而出现奶牛体重减轻,体况下降,疾病增多,甚至死亡。因此,在奶牛生产上必须采取相应措施加以控制。

1. 调整日粮组成

(1)多喂优质干草:在炎热夏季,增加适口性好、富含营养的粗饲料的比例,如苜蓿、羊草、牧区青干草等。

(2)日粮中添加脂肪:达到既能维持机体能量水平,又能减少体内代谢产热的目的。如在日粮中添加一定量整棉籽来达到补充过瘤胃脂肪的作用,同时补充一定的磷酸氢钙,能收到较好的效果。

(3)日粮中适当提高蛋白质水平:可满足奶牛生理需要,缓解热应激,但添加量不能过高(一般不超过日粮干物质的18%);如果添加过高,由于蛋白质分解时可使牛体热量增加,导致热应激加重。

(4)日粮中适当补充电解质:由于奶牛在夏季出汗和排尿较多,体内钠、钾、镁离子损失较大,应注意补充。经研究证明,奶牛夏季采用0.4%~0.5%的钠、1.5%的钾和0.3%~0.35%的镁及烟酸的日粮,有助于缓解热应激。

(5)少喂青贮:由于青贮酸度大,体热会增高,所以夏天应少喂或不喂,可改喂新鲜的青绿饲料和新鲜瓜果皮、胡萝卜等多汁饲料。

(6)增加维生素A:由于热应激可以提高维生素A的消耗,导致牛体维生素A的缺乏,所以在日粮中应补充比平时高1倍的维生素A的量。

(7)适量加入小苏打:在夏季为了维持瘤胃正常消化,在饲料中加入1%小苏打和0.5%氧化镁,可抑制体温升高,增加产奶量,还可提高乳脂率和牛奶总干物质。

(8)供给清洁饮水:一般一头产奶母牛饮水量每天可达100千克左右,夏天可能更多。因此,生产上要保持水槽不断水和勤换水。最好安装自动饮水器,让奶牛自由饮用。

(9)改善饲喂方式:

增加饲喂次数:为满足奶牛营养需要,每天饲喂次数由3次改为4次,夜间增加1次。

改变饲喂时间:白天气温高,奶牛采食量减少(一般可减少到正常的一半多),而在夜间和凌晨采食量高,所以把60%以上的日粮放在凌晨饲喂。

2. 夏季奶牛的管理

(1)防暑降温:在高温环境下,由于散热不畅可使奶牛体温升高。正常时奶牛体温为38.5℃;当气温在18℃时,奶牛平均体温为38.6℃;当气温上升到30℃时,奶牛体温可上升到39.9℃,呼吸次数也由每分钟32次增加到94次。因此,必须采取有效降温措施。

(2)在牛床上方安装排风扇:为了加大牛舍通风量,安装轴流式风扇,有利于牛体散热,同时可降低空气中的湿度,从而达到防暑的目的。

(3)安装冷水喷淋风扇降温系统:除了在牛舍、牛场周围植树绿化外,在运动场内应搭建凉棚等遮阴设施,在遮阴棚上方安装冷水喷淋风扇降温系统。每天在最炎热的时间,把牛赶到凉棚下,先喷淋5分钟,让牛周身湿透,然后再吹风25分钟,这样反复几次,就起到降温的目的。目前,这种降温系统被广泛使用,对高温具有很好的缓解效果。

(4)合理安排产犊季节:为了防止奶牛产奶高峰在炎热夏季进行,北方地区最好6~7月份配种,来年3~4月份产犊,6月份达产奶高峰,这样可减少高温对产奶高峰的影响。

(5)消除蚊蝇:夏天蚊蝇较多,干扰奶牛休息,还容易传染疾病。可在蚊蝇开始活动和猖狂活动之前,采用适宜的方法杀灭蚊蝇。

(二)泌乳牛冬季的饲养管理

(1)防寒保温:寒冷的冬天,特别是北方寒冷地区,在满足通风的条件下,应将牛舍西面、北面的门窗和墙缝堵严,严防风雪侵入舍内;要给奶牛铺垫厚干草,以免夜间爬卧休息时着凉生病;要保持舍内地面干燥清洁,勤换垫草和清粪。

(2)饮用温水:天气寒冷,产奶牛若饮冷水会消耗体内大量热能,从而降低产奶量。因此,每天要提供16~18℃的温水给奶牛饮用。

(3)增加营养:在寒冷冬天,牛体要维持体温就需要增加更多的消耗。所以,冬季要结合气温变化,补给能量饲料。

(4)补充食盐:冬季奶牛一般多采食干草,胃液分泌量增加,食盐的需求量也相应增加。因此,在冬天日粮中要适当增加食盐含量,以刺激奶牛增加食欲,提高对饲草的消化率。

(5)加强运动:要每天保持奶牛的舍外运动,一般中午前将牛赶出户外,让奶牛多晒太阳,勤给奶牛刷拭身体。这样可加快皮肤的血液循环,有利于增强抗寒能力,提高产奶量。

(6)增加光照:冬天日短夜长,光照不足,会影响奶牛的产奶量。所以,应在牛舍内安装合适灯泡以补充光照,保证每天不低于16小时的光照时间。

(7)搞好卫生:除每天保持舍内环境卫生外,在冬季应给奶牛驱虫一次,还要做好防疫注射,防止传染病的发生。

七、全混合日粮饲喂技术

（一）全混合日粮饲喂的优点

（1）全混合日粮（英文缩写是TMR）可以将组成日粮的所有成分均匀混合，使奶牛采食的每一口日粮都是营养平衡的，从而提高奶牛的单产水平。

（2）易于控制日粮的营养水平，提高奶牛的采食量，缓解奶牛在泌乳高峰期进食的营养需要与大量消耗营养之间的负平衡问题。

（3）便于实现机械化、自动化与规模化，并与散栏饲养方式的奶牛相适应。

（4）防止过量采食精料和饲料突变，能保持瘤胃内环境的稳定，防止消化系统机能紊乱和代谢性酸中毒的发生。

（5）可保证稳定的饲料结构，饲料混合均匀，防止奶牛挑食。

（6）有利于纤维素的溶解，提高牛奶产量和质量；有利于发挥奶牛的高产性能，提高其繁殖率，同时保证后备母牛适时生产；有利于根据泌乳期不同的产奶量、体况、年龄、体重等阶段分别饲喂；有利于控制生产，便于生产管理，提高劳动生产率及生产效益。

（二）全混合日粮饲养技术要点

（1）合理分群：一般先将成年母牛分成产奶牛群和干奶牛群，然后再将产奶牛群根据不同产奶阶段和产奶水平分成若干群；而对育成牛应根据其不同生理阶段分成若干群，根据各个不同组群，供给不同的全混合日粮。

（2）适当的营养浓度：全混合日粮的配制，在各组群之间是有明显差别的，但营养浓度每组差异不得超过15%，以避免奶牛出现消化不良。

（3）经常检测日粮及其原料的营养含量：测定原料的营养成分是科学配制全混合日粮的基础。即使同一原料（如青贮、干草等），因产地、收割时间及调制方法不同，它们的干物质含量和营养成分也有很大差别，所以应根据实际测定结果配制相应的全混合日粮。此外，还必须经常检测全混合日粮的水分含量和奶牛实际的干物质采食量，以保证奶牛有足够的采食量。一般全混合日粮干物质含量以40%～50%为宜，如果高于50%，将会减少奶牛的干物质采食量。

（4）日粮营养要均衡：要想全混合日粮的营养浓度计量准确，混合充分，必须使用全混合日粮专门饲料搅拌喂料车，它能把饲料的混合和分发集为一体。搅拌混合的顺序是，先放干草（将干草切短至2.5厘米），然后投放精料（包括添加剂），再投放青贮饲料和副料。

（5）合适的投料次数：采用全混合日粮饲喂技术，是以群为单位实行自由采食，这就要求饲槽中不能断料。一般至少一天投喂2次，以保持奶牛食欲。夏天由于气温高容易导致饲料发霉，所以应分多次投料，以保证饲料新鲜。

（6）确保奶牛有足够的采食空间：采用全混合日粮饲喂技术，每头奶牛应有50～70厘米的采食空间；每次饲喂前要保证饲槽内有3%～5%的剩料量。

（7）经常检查饲喂效果：检查时，注意观察奶牛的采食量、产奶量、体况和繁殖情况等，并根据检查出现的问题及时调整，以提高饲养效果。对个别高产（年单产9 000千克以上）和体质弱的奶牛需另外补充精料。

八、挤奶技术

（一）手工挤奶

手工挤奶是一项传统而效果较好的挤奶方式。即使将来全面实现机器挤奶,但在特殊情况下,也会短期施行手工挤奶(如奶牛患乳房炎期间或产犊最初的5~7天内)。

1. 挤奶前的准备

(1)挤奶用具和要求:准备好挤奶用具,如挤奶桶、盛奶罐、过滤纱布、清洗乳房的水桶、毛巾等。还要准备45~50℃温水,以清除乳房上的污垢,并且要求挤奶员穿好工作服,洗净双手。

(2)清洗和按摩乳房:清洗乳房的目的是保持乳房表面干净,促使乳腺神经兴奋,形成排乳反射。其方法是用毛巾蘸热水,先洗乳头,再洗乳房的底部中沟,然后再洗左右侧乳区和后部,最后将毛巾洗后拧干,自上而下地擦干整个乳房。此时,如果乳房显著膨胀,内压增高,说明排乳反射已形成(这个过程需45秒到1分钟),便开始挤奶。如果乳房没有膨胀,需用热毛巾敷擦乳房,以加强刺激。

2. 挤奶方法

(1)拳握法:挤奶员蹲坐在奶牛右侧,将奶桶夹于两腿之间,这样即可开始挤奶。一般常用拳握法,即用拇指和食指紧握乳头基部,然后再用其余各指依次压榨乳头,左右手交替,有节奏地一紧一松连续进行。头两把奶弃去不要。要求用力均匀,注意掌握好速度。一般每分钟压榨80~120次。通常中间快,两头慢,一气挤完,中途不得停顿。挤奶的顺序是先挤两后乳头,再挤两前乳头,也可以采用对角线挤法。

(2)滑下法:即用拇指和食指捏紧乳头基部,而后向下滑动,这样反复进行。为了把奶挤净,应在接近挤完时,再按摩乳房一次。

3. 注意事项

为保证牛奶清洁卫生,挤奶前后应做好以下工作:

(1)挤奶前30分钟,将牛舍内粪尿、剩料(尤其是青贮)彻底清扫干净,确保牛床等处环境卫生。

（2）挤奶前20分钟，将准备挤奶的母牛认真刷拭，确保牛体清洁。

（3）挤奶员务必穿好工作服，洗好手。

（4）挤奶时不宜给牛饲喂干草等粗料。

（5）最好用温水清洗乳房后，用干毛巾（或纸巾）充分擦干乳头。

（6）挤奶完毕后，用消毒液浸浴乳头。

（二）机器挤奶

机器挤奶不仅能减轻工人劳动强度，提高劳动生产率和鲜奶质量，而且还能增加经济效益。因为机器挤奶是4个乳头同时进行，而且模仿犊牛吃奶的方式，动作柔和，无残留奶，所以奶牛的产奶性能得到充分发挥，越是高产奶牛越应使用机器挤奶。

1. 挤奶机的选择

当前可供选择的挤奶机有手提式、推车式、管道式、坑道式、转盘式等。如果饲养10~30头奶牛或中小型奶牛场，可选择提桶式或推车式，30~200头规模可用管道式，200~500头可用坑道式，500头以上用坑道式、转盘式均可。但无论选择哪一种，都要选择质量好的挤奶机。

2. 机器挤奶操作步骤

（1）乳头清洁：首先用热水清洗乳房和乳头，然后用干毛巾或纸巾擦干。

（2）预先挤去头两把奶：乳房和乳头擦干后，先挤掉头两把奶，并弃去不要（盛在容器内）。

（3）第一次乳头药浴：用消毒液（0.5%碘剂或3%次氯酸钠）浸蘸消毒乳头，等30秒钟，再用纸巾擦干。

（4）上挤奶杯：在1分钟内以滑动的方式套上乳杯，并尽量减少空气进入乳杯内,打开机器,开始挤奶。

(5)第二次乳头药浴:挤奶结束后,第二次药浴乳头(挤完奶15分钟之后,乳头孔关闭)。

3. 挤奶次数和间隔

(1)挤奶次数:奶牛究竟每天挤奶几次合适,这要综合考虑,不但要兼顾劳动强度、生产消耗,还要考虑奶牛乳房容纳牛奶的能力。目前,一般国外多实行日挤奶2次,我国大多数地区采用日挤奶3次。

(2)挤奶间隔:采用3次挤奶,挤奶间隔一般为8~9小时为宜;采用2次挤奶,挤奶间隔一般为12小时左右。但必须指出,挤奶时间和次数一经确定,必须严格遵守,不可轻易改变,否则既影响产奶量,又影响奶牛的健康。

4. 机器挤奶应注意的事项

(1)首先注意选择性能优良的挤奶机,如可自动脱落的仿生挤奶机。

(2)应经常检查挤奶机各个部件的性能和操作参数是否正常,如乳头杯橡胶是否老化,真空泵、脉动器等是否完好,设置的真空度和脉动频率是否符合挤奶要求。

(3)严格操作规程,保持乳头杯、输奶管道及奶罐的清洁,保证挤奶厅环境、牛体及乳房、挤奶人员和用具的卫生。

九、奶牛群改良计划及其在奶牛业中的应用

奶牛群改良计划(英文缩写是DHI),是一套完整的生产性能测定记录体系。该技术通过定期跟踪测定每头泌乳牛的奶产量、乳脂率、乳蛋白、乳糖、总固形物(干物质)和乳中体细胞数,可详细记录个体牛的生产性能数据。同时,结合胎次、泌乳阶段等奶牛个体

生理阶段,有利于分析监控牛群整体情况,有利于牛群改良,最大限度提高奶牛群的生产性能。

(一)DHI工作的重要性

(1)可以最为可靠地选择种公牛。

(2)可以为奶牛选种提供依据,加速奶牛群体改良。

(3)可以作为改进饲养管理工作的依据,不断提高奶牛经营者饲养管理水平。

(4)可以对奶牛健康进行早期预测,为疾病防治提供依据。

(5)为奶牛良种登记和评比工作提供依据。

(6)可为牛奶合理定价提供科学依据。

(二)DHI工作的基本要求

1. 测定工作的组织和制度要求

(1)由于这项工作投资大,技术性强,应由省、市、自治区设立独立机构(乳品检测中心)承担。

(2)机构内应配置专用采样车、化验室、数据处理室及相关采样、分析仪器等。

(3)奶样要求全天按比例混合样,一般三次挤奶按早中晚4:3:3比例取样,两次挤奶按早晚5:5的比例取样;奶样总量:35~50毫升;奶样保存:4℃左右,不能冷冻;夏天须加防腐剂。

(4)要求测定结果在7天内反馈给奶牛场。

2. 对测定对象的要求

(1)凡是具有一定规模,而且愿意开展此项工作的奶牛场均可参加。

(2)从产犊的第六天至干奶开始的前一天,健康产奶奶牛都应测定。平均每月测定1次,连续2次测定的间隔天数在26~35天。

(3)要求奶牛场工作人员必须与检测部门人员紧密配合。

（三）DHI测定报告分析

一个完整的DHI报告，可提供奶牛的泌乳天数、产奶量、乳脂率、蛋白率、体细胞数、高峰产奶峰值等共二十多项内容的资料及分析，奶牛场（或小区）饲养者从每份DHI报告中都可获得奶牛群体与个体两方面的信息，来指导自己对牛场的管理。

1. 泌乳天数

正常情况下，较理想的牛群平均泌乳天数应以150~170天为宜，这样可使牛群产犊与产奶量全年均衡。如果测定的数据高于这一水平，说明该牛群存在繁殖问题，应检查影响繁殖的因素，并加以改正。

2. 产奶量

牛群产奶量可以作为衡量目前群体生产水平的指标，主要用于奶牛日粮的配制和调整。如果日粮营养水平低于牛群的生产水平，最终会导致产奶量降低，牛奶成分下降，说明饲养效果比较差。如果营养水平高于牛群生产水平，那么生产成本将会增加，一方面浪费了饲料资源，另一方面也会增加因奶牛过肥而致病的治疗的开支。

另外，奶牛305天预计产奶量也是衡量一个奶牛场生产经营状况的指标。从牛群本月平均奶量与上月平均奶量可以看出本月牛场的生产经营情况，不仅为根据群体牛产奶量来配制日粮提供依据，而且也为奶牛淘汰提供了重要依据。这些有助于管理者及早淘汰那些亏本饲养的奶牛，以保证牛群的整体水平与经济效益。

3. 乳脂率

造成乳脂率低的原因主要是：

（1）精料饲喂过多、粗饲料严重不足。主要由于瘤胃内丙酸生成增加，造成乳脂率的下降；当饲料干物质摄入量中谷物的比例超过50%，乳脂率会降低；当粗饲料与精饲料比例（按干物质计）降至

40：60以下时，由于日粮中的纤维量减少，乙酸与丙酸的比例下降，瘤胃菌群发生变化，乳脂率降低。

（2）粗饲料切得过短，长秆干草太少。将粗饲料切短可以增加动物的采食量，但是如果粉碎得太细或将粗饲料切得太短时，导致饲料在瘤胃中停留的时间缩短，从而使消化率降低，瘤胃内乙酸的生成量减少，乙酸与丙酸的比例下降，导致乳脂率下降。一般青粗饲料以3～5厘米为佳，青牧草可适当长一些（15厘米左右），这样可增加饲料在消化道内的停留时间，从而达到提高粗纤维、干物质的消化率，进而提高乳脂率的目的。

（3）饲料中添加大量油脂。主要表现其对消化率的降低及其不饱和脂肪酸在瘤胃内发酵降解能力降低，促进了丙酸的生成，从而降低脂肪含量。因此，在奶牛饲料中添加氢化（饱和脂肪酸）或皂化（脂肪酸钙）的脂肪较为适宜。

4. 乳蛋白率

造成乳蛋白率低的原因主要是：

（1）日粮粗蛋白质在瘤胃内，可消化蛋白质（如豆粕)和不可消化蛋白质（胡麻饼和棉籽饼）比例不平衡，在该日粮饲养条件下，即可降低乳蛋白率。

（2）日粮中粗蛋白质含量低时，由于蛋白质喂量不足，采食量减少，会造成粗纤维摄取量减少，瘤胃中合成菌体蛋白受阻，可造成乳蛋白率下降。

（3）日粮中缺乏某些氨基酸（如赖氨酸、蛋氨酸）时，可使牛奶中乳蛋白率降低。

（4）饲料能量不足或玉米过度缺乏时，可导致干物质进食量不足，微生物合成菌体蛋白受阻，使乳蛋白率降低。

5. 高峰产奶峰值

它与总产奶量之间存在密切的正相关关系。高峰奶产量每提高1千克,则头胎奶牛就可能提高400千克奶产量,二胎以上奶牛也可能提高275千克奶产量。理想产奶高峰上升的时间应为产后45~60天。如果产后60天内达到了产奶高峰,但持续力较差,达到高峰后很快又下降,说明产后日粮配合不合理。如果达到产奶高峰很晚,说明干奶期饲养不当或分娩时体况太差。因此,要想提高高峰产奶量,尽早达到产奶高峰,应从干奶期甚至上胎泌乳中后期加强饲养管理做起。

6.体细胞数

体细胞是指牛奶中的中性粒细胞、单核细胞和上皮细胞等在有炎症的局部游离,使乳汁中细胞及种类发生变化。一般正常时牛奶中的体细胞数不能超过30万个/毫升。

如果超过此数,说明乳房保健存在问题,有患隐性乳房炎(没有表现出临床症状)的可能。当前我国奶牛患隐性乳房炎的比例较高,可达20%~70%,给生产带来巨大损失。关于隐性乳房炎与奶量损失见表7-13。其引起的主要原因是挤奶设备消毒不严,挤奶设备的真空度及真空稳定性差;此外,还反映出奶杯的内衬性能差,使用时间过长,牛床、运动场等环境卫生及牛体卫生差。因此,应经常检查治疗。

表7-13　隐性乳房炎与奶量损失

体细胞(万)	20~30	30~50	50~100	100~200	200以上
损失(%)	2	4	8	15	20

(四)DHI测定报告对奶牛场管理的作用

DHI报告为奶牛场的管理提供了许多可度量的量化指标,使牛场的管理变得看得见、摸得着。每次返回的各类报告,通过奶牛场技术人员认真分析,挑出当月需要特别关注的牛只,有针对性地分别打印给不同岗位的技术人员，抓住管理中的主要矛盾和问题的主要方面，使管理人员对当月的工作主次分明，胸有成竹，有针对性地解决一些平时也许被忽视的问题，挖掘奶牛生产管理的潜力，牛场管理水平不断提高。依据DIII测定报告对群体和个体的分析情况，奶牛场管理人员可以做出如下管理：

（1）应用DHI生产性能跟踪报告指导奶牛场工作。除了依据奶牛生产性能指导选种选配外，平时还能对产奶量较高的牛只进行持续的关注，使它们获得良好的饲养和管理，保证优者更优；而对产奶量很低的牛只也要进行持续的关注，结合测定日产奶量和妊娠状况，如果确定该牛的确生产性能低，没有饲养价值，奶牛场就会采取短期育肥后主动将其淘汰。

（2）应用DHI繁殖状况分析报告，通过调控奶牛营养改善奶牛繁殖状况。例如：某奶牛场通过DHI报告反映，该场奶牛群泌乳天数为209天，高于正常值（平均160天）许多，说明该场奶牛群存在不发情或返情率高的严重问题。本场技术人员对饲料营养进行了专门的调控，如配制奶牛高能料、添加β-胡萝卜素，在奶牛发情观察上制定奖励制度，对空怀天数超过180天的牛只采取持续的跟踪提示和处理等措施，经过使用这一系列行之有效的方法，目前该牛场的泌乳天数降到176天，基本接近正常，奶牛发情配种情况正常。

（3）应用体细胞跟踪报告，有效预防临床乳房炎的发生。传统的奶牛场兽医工作只是停留在有病治病层面，自从有了DHI报告，这些兽医人员工作比较繁忙，他们依据DHI报告中的反馈信息，对产奶量下降幅度较大的牛只及时寻找原因，持续跟踪体细胞数高于50万的奶牛，逐头对待，做到早发现早治疗，有效预防临床乳房炎的发生，同时降低治疗费用，减少牛只的淘汰。

第八章　奶牛的卫生保健与常见疾病防治

一、奶牛的卫生保健

(一)奶牛健康的概念及意义

1.奶牛健康概念

奶牛健康指奶牛的生理机能正常,没有疾病和遗传缺陷,能发挥正常的生产能力。奶牛健康是奶牛生产得以正常进行的基本保证,是提高奶牛场生产效益的重要前提。

2.奶牛健康的意义

(1)有利于提高经济效益:奶牛群的健康有助于提高奶牛的生产力,为生产者提供更高的经济效益。

(2)有利于延长利用年限:奶牛的健康状况直接影响着奶牛的生产性能水平和利用年限。如果奶牛健康状况良好,生产性能就高,就可以适当延长利用年限;反之,生产性能低,利用年限短。

(3)有利于预防生殖道疾病:母牛的健康状况直接影响到母牛的繁殖力,当母牛患有生殖道疾病时,如子宫、卵巢疾病,常常会造成不孕症,影响其繁殖力。

(4)有利于控制传染性疾病:奶牛如果发生某些传染病,如布氏杆菌病、结核病等人畜共患病,就会影响奶产品的安全卫生,因此保证奶牛健康具有十分重要的意义。

（5）有利于降低治疗费用：奶牛的健康状况差时，不仅影响经济效益，而且因为治疗需要花费大量的人力、物力和财力，严重时会影响奶牛场的发展和生存。

（二）奶牛场保健计划与保健工作

1. 保健计划

保健计划的目的是为了避免和控制奶牛疾病的发生。不同的奶牛场，其管理水平、设施条件、技术水平和环境各不相同，因此，在制订保健计划时应充分考虑以下两个方面：

（1）应根据本场实际和当地奶牛疫病流行情况制定保健计划，而且还要随着生产条件和当地疫病流行情况的变化进行不断修改和完善。

（2）奶牛场保健计划涉及饲养、管理、育种、繁殖、疾病防治等很多方面，关键还是要做好常规的防疫注射、消毒及牛群的疾病监控和监测等保健工作。

2. 保健工作的内容

（1）日常的保健措施：平时做好兽医诊断、疾病监控，包括犊牛、后备母牛、生产母牛的病历档案等记录，它是计算牛群发病率、死亡率和安排生产的重要依据；每年春秋对奶牛结核病、布氏杆菌病应定期监测；针对本场实际情况，对血糖、血钙、血磷、血液酸碱度、肝功能等进行部分抽查。

（2）围产期的保健措施：围产期是指母牛分娩前15天和分娩后15天以内这段时间，此期要注意做好以下工作。

①首先做好产房的消毒。奶牛在分娩前应适时进入产房，当出现分娩预兆时，进入临产室，用0.1%高锰酸钾或其他消毒液对母牛的后躯部进行清洗、消毒。目的是让犊牛初生时有一个清洁卫生的环境，减少初生犊牛与病原微生物接触的机会。

②掌握助产时机。一般正常分娩不需要助产。当奶牛分娩期已到，临产症状明显，阵缩和努责正常，但久不见胎儿露出，或胎水已破仍不见胎儿露出时，应及时检查并采取助产措施，使胎儿产出。

③对产后母牛要加强观察，如有胎衣不下、子宫复位不全或患有子宫炎的母牛，要及时治疗。

④对产前、产后食欲不佳、体弱的母牛，应及时用10%葡萄糖酸钙或5%葡萄糖注射液静脉输液，以增强母牛体质。

⑤对产奶母牛定期进行血样抽查，包括血糖、血钙、血磷、血钾、血钠等，以了解血液各种成分的变化情况，每年抽查2~4次。如果某指标含量低于标准水平时，应增加奶牛对饲草料的摄入量，以求其平衡。

⑥产前1周和产后1个月内，隔日检查尿液酸碱度、尿酮或乳酮的含量。凡是测定尿液为酸性或酮体为阳性者，应及时静脉输葡萄糖溶液和碳酸氢钠溶液进行治疗。

⑦对产奶高峰期奶牛，日粮中可添加碳酸氢钠、氧化镁、醋酸钠等瘤胃缓冲剂，以求营养代谢平衡。

（3）蹄部的保健措施：

①改善环境卫生和饲养条件。奶牛舍及运动场要保持清洁、干燥，并定期消毒；饲料中钙、磷的含量和比例要合理；不要经常突然改变饲喂次数和变换饲料。

②定期修蹄。在每年春秋两季，对奶牛蹄底部的角质层或腐烂、坏死的组织应修整，并清理干净，有病要及时治疗。在日常饲养过程中，经常用3%福尔马林溶液或10%硫酸铜溶液定期喷洗蹄部，以预防蹄部感染。为了提高奶牛蹄的质量，在选配时应采用体型好、不发生腐蹄病的公牛精液进行配种，以降低后代变形蹄和腐蹄病的发生率。

（4）乳房的保健措施：

①要经常使环境、牛舍、运动场、牛床和奶牛身体保持清洁，及时清理粪便，并注意保持垫草、挤奶机及清洗乳房用的毛巾或纸巾的干净卫生。

②挤奶前后要用有效消毒液浸蘸消毒乳头数秒钟。

③正确掌握挤奶技术和遵守挤奶操作规程。

④经常观察，并及时有效地治疗临床病牛，以防止病原微生物污染环境和感染健康牛。

⑤凡是参加奶牛群改良计划（DHI）测定的牛群，应及时对每毫升牛奶含体细胞达30万个以上的奶牛进行隐性乳房炎治疗。对未参加DHI测定的牛群，每年至少2次（5~6月和11~12月各一次）对全群泌乳奶牛进行隐性乳房炎检测。对体细胞数超标的奶牛应进行治疗，并查明原因，及时采取相应措施，以降低乳房炎的发病率。

⑥奶牛在干奶前15天，要进行隐性乳房炎的检测，并对体细胞数超标者及时治疗；然后间隔2~3天再检测一次，直到体细胞数达正常水平后，才能干奶。

二、奶牛疾病监控与防治措施

（一）基本原则

（1）严格贯彻和执行"预防为主"的方针，做好奶牛场的选址、建设与奶牛的饲养管理等方面的工作，严防疫病的传入和流行。

（2）要严格建立兽医卫生防疫制度，坚持"自繁自养"的原则，防止疫病的传入。

（3）加强奶牛群的科学饲养、合理生产，增强奶牛的抗病能力。

（4）认真执行计划免疫，根据本地区免疫程序进行预防注射，按照国家与地方有关部门规定,对主要疫病进行疫情监控。

(5)遵循"早、快、严、小"的处理原则,做到及时发现,及时处理,采取严格的综合性防治措施,迅速扑灭可能发生的疫情,防止疫病扩散。

(二)监控和防治措施

1. 奶牛场的选址与建设

从新建奶牛场开始,就要对奶牛疫病的预防有周密而全面的考虑。详见第三章"奶牛场建设与环境控制"。

2. 建立兽医卫生制度

(1)非本场车辆和人员不能随意进入生产区,生产区入口处应设消毒池,池内放入2%~3%火碱水,并定期更换,以保证药效。消毒池长度以1.5个运输卡车车轮周长为宜,宽为大门的宽度,深以浸没1/2车轮为宜。有条件的奶牛场可设消毒室,人员更换专用消毒工作服、胶鞋、帽后方可进入生产区。凡是场内工作人员都要保持个人卫生,并经常清洗消毒。严禁携带任何动物进场。

(2)牛床、运动场及周围的粪便,每天要进行清理,并建立符合环保要求的粪尿与污水处理系统。每个季度要定期进行一次大扫除和大消毒。病牛舍、产房、隔离舍等每天进行清扫和消毒。

(3)对治疗无效的病牛或已死亡的牛,负责本场防疫工作人员要填写淘汰报告或申请剖检报告,上报主管场长同意签字后,才能淘汰或剖检。

(4)场内不准饲养其他畜禽。禁止将市售畜禽及其产品带入生产区进行清洗或加工。

(5)每年春、夏、秋季,要开展大范围消灭蚊蝇及吸血昆虫的活动。平时要采取经常性的灭虫措施,以降低虫害造成的损失。

(6)无论奶牛场规模大小,都应建立兽医室。兽医室除了备有常用的治疗器械、药品及疫苗等用品外，还要保留好各种检查记录登记统计表及日记簿，例如奶牛病历卡，疾病统计表，结核病、布氏杆菌病的检测结果表，预防注射疫苗的记录表，寄生虫检测结果表，病牛的厂体剖检申请表及尸体剖检结果表等。

（7）奶牛场全体员工每年必须进行一次健康检查，发现结核病、布氏杆菌病及其他传染病的患者，应及时调离生产区。对新来员工必须先进行健康检查，经证实无结核病与其他传染病时才能上岗工作。

3. 疫病监测

（1）对20~30日龄和100~120日龄的犊牛，分别用结核菌素进行2次皮内注射检测，凡是检出的阳性牛应及时淘汰处理；对疑似病牛，经隔离30天后进行复检，复检为阳性牛应立即淘汰处理；如果再经复检后仍为疑似病牛时，经30~45天后再复检，如仍为疑似病牛，应判为阳性，最后淘汰。

（2）对可疑牛连续2次检测处理后，未再发生阳性反应的牛群，可认为是健康牛群。健康牛群结核病每年检测率需达100%，如在健康牛群（包括犊牛群）中检出阳性反应牛时，应于30~45天内进行复检，连续2次检测不出现阳性反应牛时，认定是健康牛群。

（3）从外地引进奶牛时，必须在当地进行结核病、布氏杆菌病检疫，呈阴性者，凭当地防疫监督机构签发的有效检疫证明才可引进。入场后，需隔离观察30天，经检疫无结核病和布氏杆菌病时，才能转入健康牛群。

（4）布氏杆菌病、结核病检测及判定方法，应按国家颁发的标准执行，即布氏杆菌病采用试管凝集试验、琥红平板凝集试验、补体结合反应等方法，结核病用提纯结核菌素、皮内注射方法。

4. 免疫监测

免疫监测是指利用血清学方法，对某些疫苗免疫动物在免疫注射前后的抗体进行跟踪检查，以确定注射时间和免疫效果。包括：

（1）免疫前的监测：在免疫前，监测有无相应抗体及其水平，以便掌握合理的免疫时机，避免重复和错误。

（2）免疫后的监测：在免疫后，监测是为了了解免疫效果，如不理想可查找原因，进行重免。

（3）修正免疫程序：如定期开展口蹄疫等疫病的免疫抗体监测，及时修正免疫程序，提高疫苗的保护率。

5. 免疫

免疫是给动物注射各种疫苗，使动物个体和群体产生对传染病的特异性抵抗力，也是预防和控制传染病的主要手段。根据免疫注射的时机不同，可分为预防注射和紧急注射两种：

（1）预防注射：是为了预防某些传染病的发生和流行，有组织有计划地按免疫程序给健康奶牛进行的免疫注射。常用的免疫制剂有疫苗、菌苗、类毒素等。注射方法有皮下注射、肌肉注射、皮肤刺种、口服、点眼、滴鼻、喷雾吸入等。

在预防注射后，要注意观察注射部位和全身反应情况。如注射局部出现炎症变化（红、肿、热、痛），或体温升高，精神不振，食欲不振，产奶量降低时，应进行适当的对症治疗和处理。

（2）紧急注射：是指在发生传染病时，为了迅速控制和扑灭疫病的流行，而对疫区和受威胁区未发病的奶牛进行的免疫注射。

在应用疫苗进行紧急注射时，必须先对牛群逐头进行详细的临床检查，只能对无任何临床症状的奶牛进行注射，对患病和处于潜伏期（指病原微生物侵入动物体内到疾病症状出现的这段时间）的奶牛，不能注射疫苗，应立即隔离治疗或扑杀。必须指出的是，在临床检查无症状的牛群中,必然混有一部分处于潜伏期的奶牛,在免疫注射疫苗后不仅得不到保护,反而促进奶牛发病,会造成一定的损失,这是一种正常的不可避免的现象。

(3)奶牛常用疫(菌)苗,参见附表1。

6. 发生传染病时的扑灭措施

(1)疫情报告:当发生国家规定的一些动物传染病(如牛口蹄疫、牛海绵状脑病、牛传染性胸膜肺炎、炭疽等)时,要立即向当地动物防疫监督机构报告疫情,包括发病时间、地点、发病及死亡数、临床症状、剖检变化、初步诊断病名及防治情况等。

(2)对发病牛群迅速隔离:当发生严重的传染病,如口蹄疫、炭疽时,应根据动物防疫监督机构和有关行政部门的要求,采取封锁、隔离、扑杀、检疫、消毒等措施。

(3)严格消毒:对被病牛污染的垫草、饲料、用具、牛舍、运动场以及粪尿等排泄物,进行严格消毒。对死亡和淘汰的病牛应就地焚烧或按《动物防疫法》规定处理。

7. 寄生虫病的预防

奶牛寄生虫病的防治应根据地理环境、自然条件的不同,采取综合性防治措施。对检出病牛要及时隔离饲养,并用药物治疗,以防引发疫病的流行。

(1)对肝片形吸虫病:根据饲养环境需要,每年可对牛群用药物进行1~2次肝片形吸虫的驱虫工作。

(2)对血吸虫病:在本病流行地区,应实行圈养,并定期进行血吸虫病的普查及治疗工作。

(3)对泰勒虫病:在本病流行的疫区内,每年定期进行血液检查。在温暖季节,如发现牛体上有蜱寄生时,应及时用杀虫药物杀虫。

8. 消毒

目的是消灭被传染源散播于外界环境中的病原体,切断传播途径,防止疫病继续蔓延。其方法主要有:

(1)机械消毒法:主要是通过清扫、洗刷、通风、过滤等机械方法清除病原体。机械消毒法是既普通又常用的一种方法,但不能达到彻底消毒的目的,需与其他消毒方法配合使用。

(2)物理消毒法:主要采用阳光、紫外线、干燥、高温等方法,杀灭细菌和病毒。

(3)化学消毒法:即主要选用杀菌力强,作用快,效果好,对人畜无害,性质稳定,易溶于水,不易受有机物和其他理化因素影响的广谱化学药物(如灭杀王、氢氧化钠、来苏儿、菌毒敌、农福宝、漂白粉、过氧乙酸、高锰酸钾、新洁尔灭、洗必泰等),杀灭病原体的一种方。其特点是使用方便,价廉,无味,无臭,不损坏被消毒的物品,使用后残留量少或副作用小等。

(4)生物消毒法:主要用于粪便堆积发酵,利用嗜热细菌繁殖时产生高达70℃以上的热,经过1~2个月可将病毒、细菌(芽孢除外)、寄生虫卵等病原体杀死,既达到消毒的目的,又保持了肥效。但一旦感染炭疽、气肿疽等芽孢病原体时,病牛的粪便应焚烧或深埋,因为生物消毒法不能有效杀灭芽孢。

(5)消毒方式:

定期消毒:每年春秋两季用3%火碱水溶液对全场环境各进行一次大的消毒(或每季度各消毒一次);对奶牛舍内环境和所有用具每月用灭杀王或农福宝消毒一次(两种药物最好交替使用,避免产生抗药性);如果发生疫病时,可每周消毒一次;对饲喂用具用5%~10%热碱水洗刷消毒,在使用前再用清水冲洗;对挤奶用具用1%热碱水洗刷消毒;对运动场消毒时,应先除去杂草、粪便,然后用5%～10%热碱水泼洒或用生石灰散布消毒。

临时消毒：是在牛群中检出结核病、布氏杆菌病或其他疫病后，对牛舍、用具及运动场采取的一种消毒方法。

第一，当布氏杆菌病牛发生流产时，应对胎儿、胎衣及污染的场地和用具用2%来苏儿溶液进行彻底消毒。

第二，对产房每月用5%～10%热碱水进行一次大消毒。

第三，对分娩舍在临产牛分娩前和分娩后，用灭杀王各进行一次消毒。

第四，病牛的粪尿应堆积在距离牛舍较远的地方，进行生物热发酵后才能作为肥料使用。

第五，凡是因布氏杆菌病、结核病等疫病死亡或淘汰的奶牛，必须在兽医防疫人员指导下，在指定地点剖检或屠宰，尸体应按国家的有关规定处理。处理完毕后，对在场工作人员、场地及用具彻底消毒。

第六，如果怀疑为炭疽病等死亡的奶牛，严禁剖检，按国家有关规定处理。

三、奶牛常见传染病的防治

（一）口蹄疫

口蹄疫是由口蹄疫病毒引起偶蹄兽的一种急性、热性、高度接触性传染病，俗称"口疮"、"蹄癀"。主要特征是在口腔黏膜、舌面、蹄部和乳房皮肤上形成水疱和溃烂。

［病因］

病牛及潜伏期带病毒病牛是最危险的传染源。本病毒可通过直接接触传染，也可通过污染的饲料、饮水、空气经消化道、呼吸道及损伤的皮肤黏膜传染。传播迅速快，面积大。一般无明显的季节性, 但以秋末、冬春为发病盛期。

[症状]

本病潜伏期一般为3~8天。病初体温升高至40~41℃, 精神沉郁, 食欲减退, 反刍减少, 闭口、流涎; 1~2天后在唇内侧、齿龈、舌面和颊部黏膜出现蚕豆大至核桃大的水疱, 采食、反刍完全停止。如有细菌继发感染, 则糜烂加深, 形成溃疡, 愈合后形成瘢痕; 有的在病牛蹄趾间及蹄冠的皮肤上表现疼痛, 发生水疱, 并很快破溃, 出现糜烂, 病牛不愿站立和行走, 如果护理不好易引起感染和化脓; 有的病牛乳头皮肤发生水疱, 进而形成烂斑, 容易继发感染, 波及乳腺, 可引起乳房炎, 使泌乳减少甚至停止。

以上病变一般为良性经过, 大约1周即可痊愈, 如有蹄部病变, 可延长至2~3周或更久; 病死率很低, 一般不超过1%~3%, 但犊牛发生本病时, 主要表现为心肌炎, 病死率可达20%~50%。

[诊断]

由于本病的临床症状特征比较明显, 结合流行病学调查一般不难作出诊断, 但确诊需经实验室对病毒进行毒型试验, 以便正确使用疫苗。

[预防]

对常发生口蹄疫的地区或有可能传入的地区, 要对易感动物进行定期免疫注射。无病地区, 对易感动物加强检疫, 禁止从发病地区引入偶蹄兽动物及未经无害化处理的畜产品(如乳、肉、生皮革等)。对已发生口蹄疫的, 应及时向上级主管部门报告, 立即对疫区采取封锁、隔离、消毒、扑灭等综合性防治措施。待疫区内最后一头病畜扑杀后, 在3个月内不出现新病例时, 对疫区进行全面彻底的终末消毒, 经宣布封锁的有关部门核实批准后, 解除封锁。解除封锁后对疫区的动物还要进行监督, 不要随意引入或出售, 以免本病重发。

[治疗]

一般不治疗。对贵重品种的重症病牛，患部先用0.1%高锰酸钾或3%硼酸冲洗，然后口腔涂抹碘甘油。蹄部及乳房涂抹紫药水或消炎软膏，同时加强饲养管理。

(二)炭疽

炭疽是由炭疽杆菌引起的奶牛及人的一种急性、热性、败血性传染病。主要以突然发病，高热，脾脏显著肿大，皮下和浆膜下有出血性胶样浸润和血液凝固不良为特征。

[病因]

病牛是本病的主要传染源。主要因采食被炭疽杆菌或芽孢污染的饲草料和饮水而发生感染，此外，还可以通过呼吸道、损伤的皮肤、吸血昆虫的叮咬而发生感染，一般多发生于夏季和低洼潮湿地区，在大雨、山洪暴发、河水泛滥、吸血昆虫活动频繁以及输入污染的饲草料、畜产品时容易发生本病。

[症状]

本病的潜伏期一般为1~5天。最急性型通常多见于暴发初期，病畜表现突然发病，体温升高达41~42.5℃，呼吸困难，可视黏膜呈蓝紫色，全身发抖，步态不稳，突然倒地，昏迷，鸣叫，很快死亡，死前天然孔出血。急性型一般多见，体温升高达40~42℃，精神不振，脉搏快而弱，呼吸困难，食欲减退或废绝，可视黏膜呈蓝紫色，并有小出血点。亚急性型症状与急性相似，但症状较为缓慢，病程较长，常在喉部、颈部、胸前、腹下、乳房、外阴皮肤、直肠和口腔黏膜上发生炭疽痈(局灶性炎性肿胀)。

[诊断]

对疑似炭疽病死亡的奶牛，应禁止剖检。可取疑似病牛一只耳朵,或用消毒棉棒浸蘸血液,涂血片送检,通过染色镜检、培养及动物试验等方法才能确诊。

[预防]

对发生本病的地区,应立即封锁病区及奶牛场,尸体要深埋或烧毁,不得剖检和剥皮,并对场地、用具、牛舍等彻底消毒。对非疫区的奶牛每年6~7月份用炭疽疫苗注射(目前我国应用的炭疽疫苗有无荚膜炭疽芽孢苗和Ⅱ号炭疽芽孢苗)。对不满1个月的小牛和怀孕最后两个月的母牛,以及其他瘦弱、发热的病牛应暂缓注射。

[治疗]

对发病奶牛,用抗炭疽血清40~100毫升,一次静脉注射或皮下注射;青霉素100万国际单位,每天肌注2次,连用3天。对全群奶牛用磺胺二甲氧嘧啶粉拌饲料治疗,每吨饲料拌入250克,连喂7~10天。对严重病牛可用磺氨类药物灌服,每千克体重按0.2克剂量计算,连用3~5天,即可奏效。

(三)布鲁菌病

本病是由布鲁菌引起的奶牛及人的一种常见的慢性传染病,简称"布病"。其临床特征是生殖器官和胎膜发炎,孕牛流产和不孕等。

[病因]

本病的传染源是病牛及带菌动物(包括野生动物)。受感染的妊娠母牛,其流产后的胎儿、阴道分泌物以及牛奶中都含有布鲁氏菌。传播途径主要通过病牛的乳汁、精液、粪便排出病原污染环境、牛舍及其他物品,健康牛通过被污染的草料、饮水经消化道发生感染。其次经皮肤及生殖道也可引起感染。通常母畜较公畜易感。

[症状]

本病潜伏期为2周至6个月。妊娠母牛多发生于怀孕后5~7个月的流产。流产后常伴有胎衣不下和子宫内膜炎。流产多为死胎,偶有活胎,但体质衰弱不久死亡。病情严重的经久不愈,导致屡配不孕。有的病牛则表现乳房炎,乳房肿大,乳汁呈初乳性质,产奶量下降。有的则表现膝关节和腕关节发炎,关节肿痛。公畜发生睾丸炎,睾丸肿大、触之疼痛。

〔诊断〕

根据流行病学,流产胎儿皮下、肌间有浆液性浸润,胸、腹腔积有淡红色液体,内混有纤维素;皱胃中有淡黄色或白色黏液样絮状物,胃肠和膀胱黏膜有小出血点;胎衣呈黄色胶样浸润,有些部位附有纤维素絮状物和脓液,有的胎膜增厚,有出血点,上附有灰色或黄绿色的渗出物和纤维素,可初步作出诊断。但必须通过实验室诊断(主要是血清凝集试验和补体结合试验)才能确诊。

〔预防〕

对本病主要采取综合性预防措施。一经发现病牛后,可先对牛群进行检疫,然后淘汰或隔离阳性牛。对阴性牛进行免疫注射,常用菌苗有布鲁菌病猪型2号活菌苗和布鲁菌病羊型5号活菌苗、布鲁菌病19号活菌苗。疫苗注射是控制本病的主要有效措施。

〔治疗〕

本病应用抗生素药物很难治愈,即使治愈后还是带菌者,仍可向外排菌,如果体质下降,抵抗力降低时,还可复发。因此,对患有本病的病牛应坚决进行淘汰。

(四)结核病

结核病是由结核分支杆菌引起的奶牛和人的一种慢性传染病。其特征是病牛渐进性消瘦,病理特点是在多种组织器官形成结核结节。

〔病因〕

本病主要经过呼吸道和消化道传染,也可经交配、皮肤创伤、胎盘传染。病牛和带菌牛是主要传染源，特别是可向外排菌的开放性结核病牛，可经乳汁、粪便、尿液、气管分泌物等排出病原，污染饲料、饮水、用具和环境而引起传染。

另外牛舍拥挤、潮湿、通风不良、光照不足，牛只运动不足，卫生差，营养不良，饲料中缺乏维生素和矿物质，饲养管理不当等因素，都可诱发本病并加重病情。

［症状］

本病潜伏期较长，一般15～45天，有时可达数月，甚至数年。最为常见的是肺结核，病初表现为干性短咳，尤其在起立、运动、吸入冷空气或含尘土的空气时容易发生。随着病情的发展，咳嗽次数增加，胸部听诊可听到摩擦音。发生乳房结核时，表现乳房淋巴结肿大，乳房有硬结；不热不痛，泌乳量逐渐下降，乳汁稀薄；有时乳房发生萎缩，外观乳房凹凸不平，不对称，严重时泌乳停止。肠结核多见于犊牛，表现食欲不振，消化不良，顽固性腹泻，迅速消瘦。淋巴结发生结核时，可见体表淋巴结肿大，常见于肩前、颌下、股前、咽及颈淋巴结等。

［诊断］

当奶牛发生不明原因的渐进性消瘦、咳嗽、慢性乳房炎、顽固性下痢、体表淋巴结慢性肿胀等，可初步疑似本病。剖检时可根据肺脏或其他组织器官的结核结节、干酪样坏死、"珍珠样"结节等特异性病变，作出诊断，但必要时还得进行微生物学检验。用结核菌素进行变态反应试验，对牛群进行检疫，是诊断本病的主要方法。

［预防］

对健康牛群，应自繁自养。从外地购牛时应加强检疫，防止带入本病。平时要加强消毒和卫生防疫措施，定期对牛群进行检疫，如发现病牛或阳性牛应及时淘汰处理。对污染牛群反复进行多次检疫,一旦检出阳性牛,均作淘汰处理,根除传染源。犊牛出生后,哺喂3~5天初乳,以后喂健康牛乳或消毒乳,在出生后第1,6,7个月进行3次检疫,为阳性者则淘汰;阴性者,可放入假定健康牛群饲养。对假定健康牛群(无结核菌素阳性牛群),应在第一年每隔3个月检疫一次,所有牛都为阴性以后,再在一年或一年半时间内连续3次检疫,如都为阴性,则该牛群可称为健康牛群(无结核病牛群)。

[治疗]

结核病无治疗意义,如发现病牛或阳性牛应及时淘汰处理,并做好平时消毒和卫生防疫措施,定期对牛群进行结核病检疫。

(五)奶牛巴氏杆菌病

奶牛巴氏杆菌病是由多杀性巴氏杆菌引起的一种急性热性败血性传染病,又叫牛出血性败血症,简称牛出败。临床特征为高热、肺炎、急性胃肠炎以及内脏器官发生广泛性出血。

[病因]

本病的病原是巴氏杆菌,属于一种条件性致病菌,当奶牛抵抗力下降,外界环境不良时可诱发奶牛发病,例如天气闷热、阴雨潮湿、气候突变、牛群拥挤、通风不良、营养缺乏、饲料突变、环境卫生不良等,均可降低抵抗力而诱发本病。同群健康牛可通过消化道、呼吸道和空气感染发病。一年四季均可发生,但常见于春、秋两季或多雨的6~8月份,奶牛场常零星散发。

[症状]

潜伏期1~7天,多数为2~5天。败血型病例,无任何临床症状,牛突然死亡。浮肿型病牛体温升高达40~42℃,精神沉郁,结膜潮红,鼻镜干燥,不食,泌乳和反刍停止;头、颈、咽喉、前胸甚至前肢皮下水肿;部分病牛腹泻,粪便带有黏液或血液,恶臭;鼻孔流出浆液性分泌物,呼吸急促,常因窒息而死。肺炎型病牛咳嗽,呼吸困难, 流鼻液, 在肺区腹侧前半部常可听到支气管呼吸音, 容易继发其他疾病。

犊牛发生本病时体温升高到40.5~42℃, 不吃奶, 流泪, 拱背, 喜卧, 呈腹式呼吸, 并有腹泻, 有的出现脑膜炎、脓毒性关节炎, 喉部肿胀, 头颈伸直, 口流白沫, 常死于窒息。

[诊断]

根据临床症状如颌下与前胸水肿、腹泻、肺炎等, 剖解特征为胸腔积有淡黄色渗出液, 肺部呈纤维素性肺炎, 可作出初步诊断。确诊需要进行实验室诊断, 如取血液或心、肝、肺等器官涂片染色, 镜检见两极浓染的小杆菌。

[预防]

对常发生本病的奶牛场应定期免疫注射疫苗。用牛出血性败血症氢氧化铝菌苗, 皮下或肌肉注射, 体重100千克以上6毫升, 体重100千克以下4毫升, 免疫期为9个月。

平时应加强饲养管理, 营养要充足, 日粮要平衡, 增强牛体抵抗力, 避免各种应激, 可以减少本病的发生。

[治疗]

首先用头孢噻呋, 每千克体重2.2毫克, 一次肌肉注射, 每天2次。其次用红霉素, 每千克体重5.5毫克, 一次静脉注射, 每天2次。犊牛每次200毫克, 用0.9%甘氨酸钠稀释, 一次静脉注射, 每天1次。

(六) 奶牛沙门菌病

奶牛沙门菌病是由沙门菌属细菌引起奶牛的一种以败血症和肠炎为特征的传染病, 又叫奶牛副伤寒。主要以败血症、毒血症或胃肠炎、腹泻、妊娠母牛流产为特征。

[病因]

病牛和带菌牛是本病的传染源, 病原主要通过消化道和呼吸道感染，也可通过使用病牛精液人工授精而感染。一年四季都可发生，但在多雨、晚冬、早春季节多发，各种年龄的牛都可感染本病。奶牛沙门菌病往往是其他疾病的继发症或并发症。

[症状]

犊牛发生本病时，一般多呈急性经过，体温升高达40~41.5℃，不吃，呼吸困难，排灰黄色稀便，常带有血液或黏膜，恶臭，最后常因脱水死亡。一般多见于10~30日龄犊牛。

慢性病例除有个别急性表现外，可见关节肿大或耳部、尾部、蹄部发生坏死，一般病程可延迟至3个月以上。成年牛发生本病时，病牛体温升高到40~41℃，精神沉郁，食欲不振，产奶量下降，咳嗽、呼吸困难，下痢，个别见有结膜炎症状。多见于1~3岁的奶牛。

[诊断]

根据本病流行情况、典型症状，结合不良的饲养管理可作出初步诊断，进一步确诊还得进行细菌分离培养鉴定。

[预防]

本病预防主要是免疫注射，即对小牛肌肉注射牛副伤寒灭活菌苗1岁以下，1~2毫升，1岁以上牛2~5毫升，然后间隔10天再用同样剂量注射一次。对已发生副伤寒的牛群，如2~10日龄犊牛，可肌肉注射1~2毫升；对怀孕母牛在产前1.5~2个月注射一次，然后犊牛出生后1~1.5月龄再给犊牛注射一次。一般注苗后14天产生免疫力，免疫期约6个月。

同时采取综合措施：加强奶牛的饲养管理，保持牛舍清洁卫生；定期消毒；犊牛出生后应吃足初乳，注意产房卫生和保暖；发现病牛应及时隔离、治疗。

[治疗]

治疗选用氯霉素，每千克体重0.02克口服，每天2~3次；新霉素，每天2~3克,分2~3次口服,连用3~5天。磺胺甲基异恶唑(新诺明)或磺胺嘧啶,每千克体重0.02~0.04克,分2次口服。对腹泻脱水犊牛,可用5%葡萄糖生理盐水1 000毫升,20%葡萄糖250毫升,5%碳酸氢钠液150~200毫升,一次静脉注射,每天2~3次,同时水中添加口服补液盐供犊牛自由饮用。对有肺炎的犊牛,可用青霉素100万国际单位,链霉素150~200万国际单位,一次肌肉注射,每天2~3次。伴有关节炎时,可用鱼石脂酒精绷带包裹患部,也可向关节腔内注射1%普鲁卡因青霉素15~20毫升。

(七)犊牛大肠杆菌病

本病是由致病性大肠杆菌引起的新生犊牛的一种急性肠道传染病,又叫犊牛白痢。其特征为败血症和严重腹泻、脱水,引起犊牛死亡或发育不良。

[病因]

本病传染源主要是病牛和能排出致病性大肠杆菌的带菌牛,新生犊牛通过消化道、脐带或产道感染。一般多见于1~2周犊牛,特别是出生后2~3日龄没有吃过初乳的犊牛易感。成年牛患病多表现为慢性经过或仅为带菌者。多见于冬春季节。

[症状]

本病潜伏期短,仅为数小时。败血型:常见于出生7天内没有吃上初乳的犊牛。病犊牛体温升高达40℃以上,精神委顿、腹泻,排白色或灰白色水样粪便,可突然死亡。肠毒血型:多见于出生后7天内吃过初乳的犊牛。病犊牛肠道内大肠杆菌大量繁殖,产生肠毒素,进入犊牛血液,也可引起突然死亡。肠型:一般见于7~10日龄吃过初乳的犊牛。病犊体温升高到39.5~40℃,食欲减退,喜卧,排水样粪便。粪便开始为黄色,后变为灰白色,混有凝乳块、血丝或气泡。发病后期,犊牛排便失禁,体温正常或下降,很快因脱水衰竭而死亡。

病程稍长的犊牛可出现肺炎、关节炎、脑炎症状。

成年牛感染本菌可引起急性乳房炎。

[诊断]

根据流行特点,本病以出生3天内的犊牛发病最多,无论吃过初乳还是未吃过初乳都可以发病。临床以腹泻、脱水为特征,病程短,死亡快。确诊要通过实验室进行细菌分离鉴定。

[预防]

防止犊牛发生大肠杆菌病的主要措施是:认真改善环境卫生条件,犊牛要吃到母乳,特别是吃足初乳。另外,对新生犊牛注射大肠杆菌高免血清;对妊娠母牛应供给足够的蛋白质、维生素和矿物质;保持牛舍清洁卫生。

[治疗]

本病以肠型治疗效果较好,可用土霉素每千克体重10毫克,痢特灵每千克体重5~10毫克,磺胺脒或琥珀酰磺胺噻唑每千克体重0.1克,每天2次口服。败血型或肠毒血型病例,由于病程短促,大多不能及时救活,预后不良。

(八)牛传染性鼻气管炎

牛传染性鼻气管炎是由病毒引起的奶牛的一种急性接触性上呼吸道传染性疾病,又叫"坏死性鼻炎"或"红鼻病"等。其临床以呼吸困难和发热,伴有鼻炎、鼻窦炎、喉炎和气管炎为特征。

[病因]

病牛和带毒牛为主要传染源,可经鼻、眼、阴道分泌物排出病毒。主要通过空气经呼吸道传播,交配也可传播本病。本病只发生于牛,不论年龄、品种都能感染发病。此外本病毒还可引起牛结膜炎、脑膜脑炎、生殖道感染及流产等疾病。

[症状]

潜伏期一般为4~6天，有时可达20天以上。最常见呼吸道型，病初体温升高达40~42℃，病牛精神委顿，食欲废绝，鼻腔流出大量黏脓性鼻液，鼻黏膜高度充血，潮红，并有浅表溃疡。由于鼻窦及鼻镜组织高度发炎红肿，所以称为"红鼻子"。本病发病率高，可达75%，但死亡率不高，一般在10%以下。发生生殖道型病变的病牛，初期有轻度发热，精神沉郁，食欲减退，阴门红肿，有黏液性分泌物流出，检查阴道时，可见黏膜红肿并有灰白色粟粒大的脓疱，以后逐渐愈合，一般不流产。其次是流产型病牛，胎儿感染后7~10天发生死亡，并很快排出体外。流产常见于第一胎母牛，有时也发生于经产母牛，一般流产率2%~20%。第三是脑膜脑炎型病例，主要发生于犊牛，病初体温升高达40℃以上，精神沉郁，不吃，流泪，鼻黏膜潮红，有浆液性鼻漏，随后出现神经症状；表现共济失调，肌肉震颤，兴奋、惊厥，口吐白沫，倒地，角弓反张；病程很短，一般5~7天；发病率低（1%~2%），但死亡率可达50%以上。第四是眼炎型病例，一般无明显全身反应，主要表现为结膜角膜炎，可见结膜充血，水肿，有时并发呼吸道症状，很少引起死亡。

[诊断]

根据流行病学、临床症状和病理变化可作出初步诊断。确诊必须进行病毒分离、血清型试验等实验室检查。

[预防]

对无病地区，平时要注意加强饲养管理，尽量不要从有病地区引入病牛或带毒牛，如要引入时，应从无病地区引入，并做好本病的检疫。对发病后病牛，应立即隔离（首次发病地区，扑杀全部病牛），并彻底消毒污染环境，封锁疫区，禁止从疫区输出牛只及其产品。

［治疗］

对本病治疗无特效药物，以对症治疗为主。应用抗生素防止继发感染。一般预后良好。

（九）奶牛病毒性腹泻（黏膜病）

本病是由病毒引起的一种急性热性传染病，又称为奶牛病毒性腹泻或黏膜病。主要特征为突然发病，传播迅速，体温升高，发生糜烂性口炎，肠胃炎，不食和腹泻。

［病因］

病牛和带毒动物是本病主要的传染源，主要通过呼吸道和消化道感染。另外，也可通过胎盘发生垂直感染。本病发病率不高，但病死率可达90%~100%。一年四季都可发生，但多见于冬末和春秋季节。不同品种和年龄的牛都可感染，以6~8月龄的小牛易感性最高，并出现临床症状，成年牛和其他动物多为隐性感染。

［症状］

本病潜伏期7~14天。急性型病例：多见于幼龄犊牛，病初体温升高达40~42℃，精神沉郁，厌食；发病2~3天内鼻镜、口腔黏膜发生糜烂，舌面上皮坏死，流涎增多，呼气恶臭；继而发生腹泻，开始为水泻，以后带有黏液和血液。病程多为1~2周，多数都以死亡归终。慢性型病例：发热不明显，鼻镜上可出现成片的糜烂；眼睛有浆液性分泌物；发生蹄叶炎及趾间皮肤糜烂坏死，行走跛行；在鬐甲部、颈部及耳后的皮肤龟裂，见局部脱毛和皮肤角化，呈皮屑状。病牛通常呈持续感染，发育不良，终归死亡或被淘汰。

［诊断］

根据临床症状和口腔、食道、胃肠道的特征性病变作出初步诊断。确诊要进行实验室病毒分离，做血清中和试验和补体结合反应。

[预防]

平时加强检疫,引进种牛时必须进行血清学检查,防止引进带毒牛。已经发生本病时,应对病牛隔离处理或急宰,并彻底消毒可能污染的环境,以防止其他犊牛感染发病。

目前,我国已从国外引进本病的弱毒疫苗生产技术,可用于免疫注射。因为本病毒和猪瘟病毒都属于瘟病毒属,两者有共同抗原性,所以实践中也可试用猪瘟弱毒疫苗进行本病的预防接种。

[治疗]

目前对本病尚无有效的疗法,可使用抗生素和磺胺类药物,防止继发性感染;应用收敛剂和补液疗法可止泻,防止脱水和酸中毒。

(十)奶牛流行热

奶牛流行热是由病毒所引起的一种急性、热性传染病。主要症状为高热、流泪、泡沫样流涎、呼吸困难,后躯活动不灵活。

[病因]

传染源为病牛,病牛的高热期血液含有病毒,人工静脉注射混用针头可使健牛发病。自然条件下可由吸血昆虫如伊蚊和库蚊叮咬皮肤而传播。发病有明显的季节性,主要在蚊蝇多的季节流行,北方于7~10月份多雨潮湿时容易流行本病。

本病一旦流行,所造成的产奶量下降、病牛死亡和淘汰等经济损失相当严重,所以应引起养牛业的高度重视。

[症状]

潜伏期3~5天。体温突然升高达41~42℃,持续1~3天,同时并发剧烈的呼吸急速。病牛精神沉郁,食欲减退,全身战栗、流涎、流泪、反刍停止,泌乳量减少以至停止,等体温下降到正常后才能逐渐恢复。病牛喜卧,卧地不能起立,强迫起立时,步态不稳,尤其后肢抬不起来，常擦地而行。病程一般1周左右。少数病牛因肺水肿和肺气肿，或继发肺炎而死亡。

大部分病例呈良性经过，病死率一般在1%以下。急性病例可在发病后20小时内死亡。

［诊断］

临床上是大群发病，传播快，有明显的季节性，发病率高，但死亡率低；剖检时可见肺膨大，显著水肿和气肿，病程较长而死亡的，一般呈败血症变化。据此，不难作出初步诊断。确诊应采取病料做病毒的分离鉴定，结合中和试验等血清学方法进行实验室检查。

［预防］

预防应在每年的6月中旬，注射牛流行热灭活疫苗，颈部皮下注射2次，每次4毫升，间隔21天；6月龄以下的犊牛，注射剂量减半。针对流行热病毒由蚊蝇传播的特点，可每周两次用5%敌百虫液喷洒牛舍和周围排粪沟，以杀灭蚊蝇。可定期用过氧乙酸对牛舍地面及食槽等进行消毒，以减少传染。

［治疗］

选用5%～10%葡萄糖生理盐水2 000～3 000毫升，内加四环素1～2克，一次静脉注射，以预防继发感染；配合应用解热镇痛药，如肌肉注射百尔定10～15毫升，或复方氨基比林20～50毫升，或内服安乃近6～12克，每天2次；可用地塞米松每次50～100毫克，配合5%～10%葡萄糖500～1 000毫升，生理盐水500～1 000毫升一次静脉注射；或氢化可的松50～150毫克，加糖盐水500～1 000毫升混合，一次缓慢静脉注射，疗效良好；对于瘫痪病牛，可静脉注射10%水杨酸钠100～300毫升，地塞米松50～80毫克，10%葡萄糖酸钙300～500毫升。病程长的适当加维生素B、维生素C和乌洛托品，一次静脉注射。

另外，除了使用西药治疗外，也可采用中药治疗。在病初可用柴胡、黄芩、葛根、荆芥、防风、秦苑、羌活各30克，知母24克，甘草24克，大葱3根为引，将药研末冲服；也可用板蓝根60克，紫苏90克，白菊花60克，煎服，疗效尚好。

四、奶牛常见寄生虫病的防治

（一）肝片形吸虫病

本病是由肝片形吸虫寄生于奶牛的肝脏和胆管而引起的一种寄生虫病。临床特征主要是营养障碍和中毒所引起的慢性消瘦和衰竭，剖检特征是慢性胆管炎及肝炎。

［病因］

本病病原是肝片形吸虫，成虫扁平，外观呈柳叶状，灰褐色；虫卵呈长椭圆形，黄褐色。（见图8-1）该病原的终末宿主是奶牛，中间宿主是椎实螺。奶牛吃草或饮水时吞食囊蚴而感染。囊蚴在消化液作用下，蚴虫破囊而出，经十二指肠胆管开口处或经血液到达肝胆管内寄生，在胆管内经2~4月发育成为成虫，其卵随胆汁进入肠道由粪便排出，吸附在水草上形成囊蚴。因此，本病多在低湿和沼泽地带放牧的牛易感染。夏天多雨季节感染较多，干旱季节感染较少。常呈地方性流行。

图8-1　肝片形吸虫

1. 成虫　2. 虫卵

［症状］

本病临床表现与虫体数量，奶牛体质、年龄、饲养管理条件等有关。当奶牛体抵抗力差、虫体寄生的数量多时，症状明显。一般急性病例多见于犊牛,主要表现精神沉郁,食欲减退或消失,体温升高、贫血、黄疸、腹泻等,严重者3～5天内死亡。慢性病例常发生于成年牛,主要表现为消瘦、贫血、眼睑及体躯下垂部,如下颌间隙、胸下、腹下等处水肿;被毛粗乱,干燥易脱断,无光泽;消化机能障碍,食欲减退或消失,严重异嗜、肠炎等。剖检可见肝表面不平整,胆管增粗,管内有大量的柳叶状虫体。

［诊断］

根据临床症状、流行情况及粪便虫卵检查进行综合判断。粪检常用水洗沉淀法和漂浮法来进行镜检,看是否有肝片吸虫虫卵。剖检可见胆管增粗、增厚,大多数胆管中常有肝片形吸虫寄生。

［预防］

预防主要措施是定期进行计划性驱虫,一般为春秋两季驱虫,或者放牧前和舍饲前各进行一次。加强粪便管理,粪便应堆集发酵以杀灭虫卵,防止新鲜牛粪污染水源、牧地。结合水利工程建设,改造低洼地和沼泽地,消灭椎实螺。平时应选择干燥无螺草地放牧。

［治疗］

治疗本病的首选药是硝氯酚(拜耳9015),每千克体重3～4毫克,一次口服;深部肌肉注射每千克体重0.5～1毫克。其次是硫双二氯酚(别丁),片剂,每千克体重40～60毫克内服;也可用4%注射液肌肉注射,每千克体重1～2毫克。还可选用六氯己烷(吸虫灵),每千克体重200～400毫克,一次口服。

(二)奶牛新蛔虫病

本病是由牛新蛔虫寄生于犊牛小肠内引起的以下痢为主要特征的疾病。虫体主要寄生于5月龄以内的犊牛,可造成犊牛死亡。

［病因］

新蛔虫寄生于犊牛小肠内,虫体呈黄白色,体表光滑,表皮半透明,形状像蚯蚓,呈两端尖细的圆柱形。虫卵近于球形,淡黄色,表面具有多孔结构的厚蛋白膜。

雌性成虫在牛小肠内产卵,随粪便排到外界,在适宜的温湿度条件下7天左右发育成为感染性虫卵。当母牛吞食了感染性虫卵后,在小肠孵出幼虫,幼虫在体内移行通过胎盘或乳汁侵袭胎儿或犊牛,到犊牛体内发育成成虫。

［症状］

犊牛感染后,轻者症状不明显。重者精神不振,步态蹒跚;食欲减退或废绝,肠胃鼓胀,消瘦,被毛粗糙松乱,脱落;有时便秘和腹泻交替出现,或呈现持续性腹泻,粪便一般为白色或灰白色,日龄较大的犊牛粪便为污泥状青灰色或污灰色,有污泥臭味;早期还会出现咳嗽及便秘;严重时可导致死亡。

［诊断］

根据犊牛发病的临床症状,作出初步诊断。怀疑是新蛔虫病时,确诊需进行实验室诊断,如采集患病犊牛粪便,用饱和盐水漂浮法检查虫卵。若镜检发现有新蛔虫虫卵存在,则确诊为新蛔虫病。

［预防］

加强日常粪便管理,及时清除粪便,保持圈舍内卫生。粪便应堆积发酵,彻底杀灭虫卵。当犊牛1月龄和5月龄时各进行一次驱虫。常用丙硫咪唑(抗蠕敏),每千克体重5毫克,拌入饲料中或配成混悬液口服;左旋咪唑,每千克体重8毫克,混入饲料或饮水中口服。

［治疗］

用丙硫苯咪唑,每千克体重5~10毫克,一次灌服,或拌入饲料中一次内服。也可选用左咪唑,每千克体重4~5毫克,一次皮下或肌肉注射;或每千克体重6毫克,一次灌服。对严重病例可采取对症治疗方法,如补液、治疗腹泻,缓解脱水症状。

(三)绦虫病

绦虫病是由寄生在奶牛小肠的莫尼茨绦虫、曲子宫绦虫及无卵黄腺绦虫引起的一种寄生虫病。其中,莫尼茨绦虫主要感染1.5~8月龄的犊牛,成年牛同样也可感染;曲子宫绦虫对成年牛、犊牛都可感染;无卵黄腺绦虫常见于成年牛。

[病因]

绦虫的成熟体节及虫卵随粪便排到外界,被中间宿主地螨吞食,在其体内1个月左右发育成为具有感染力的似囊尾蚴,牛吞食了这样的地螨,似囊尾蚴在牛的小肠内翻出头节,吸附在肠黏膜上发育为成虫。

[症状]

奶牛感染后,一般表现为食欲减退,精神沉郁,虚弱,发育迟缓;严重时,病牛下痢,粪便中混有成熟的绦虫节片。病牛迅速消瘦,贫血,有时出现痉挛或回旋运动,最后死亡。剖检时可在肠道内发现成团的虫体。

[诊断]

根据病牛的临床症状进行初步诊断,若在粪便中发现有绦虫形态特征的成熟节片,则有助于诊断。确诊采用饱和盐水漂浮法检查虫卵,若发现有绦虫虫卵,则可确诊为本病发生。

[预防]

加强粪便管理,粪便要及时清理,堆积发酵至少2~3个月,以消灭虫卵。平时注意牛群健康,定期检查,对发育迟缓的犊牛尤需注意。每年进行两次驱虫,即放牧前和舍饲前各一次。发现少数病例时及时治疗。

[治疗]

用丙硫苯咪唑,每千克体重5~10毫克,一次口服;或氯硝柳胺

（灭绦灵），每千克体重60~70毫克，一次口服；或硫双二氯酚，每千克体重40~60毫克，一次口服。

（四）奶牛泰勒虫病

本病主要由泰勒虫寄生于奶牛巨噬细胞、淋巴细胞和红细胞内引起，临床特征为高热、贫血、出血、消瘦和体表淋巴结肿胀。

［病因］

泰勒虫的孢子随蜱吸血进入牛体后，侵入局部淋巴结反复进行裂体增殖，在虫体本身及其产生的毒素作用下，使局部淋巴结出现肿胀，使许多组织受到损伤。寄生在红细胞内的虫体呈环形、椭圆形、逗点状、杆状、圆点形及十字形等，虫体长度均小于红细胞半径，可引起出血、贫血（因贫血不是由溶血所引起，临床上无血红蛋白尿，可视黏膜黄染不明显）。该病主要是因蜱（东北地区俗称"草爬子"）叮咬牛吸血而进行传播。该病的发生有明显的季节性和地区性，多发生在夏秋两季和气候炎热、适宜蜱生活的地区。

［症状］

本病潜伏期一般为10~25天。急性病牛表现精神高度沉郁，高热不退；食欲减退或消失；贫血、黄疸，红细胞减少，血液稀薄；肩前和股前淋巴结肿大和压痛，病牛很快消瘦，经2~4天死亡。慢性病牛体温波动于40℃左右，呈渐进性贫血和消瘦。

［诊断］

根据临床症状及流行病学可怀疑本病。确诊可进行病原体的检查，如取病牛血涂片，染色，在油镜下检查是否红细胞内有泰勒虫寄生；或做淋巴结或脾脏穿刺，抹料涂片染色，镜检找到淋巴细胞内的繁殖虫体即可确诊。

［预防］

灭蜱是预防本病的关键，可用0.5%的马拉硫磷乳剂或1%的三氯杀虫酯乳剂喷洒体表和圈舍。在每年发病前20～30天给牛预防注射牛泰勒虫裂殖体细胞苗,大牛2毫升,小牛1毫升。不到有大量蜱滋生的牧场放牧。对在不安全的牧场放牧的牛群,于发病季节定期用药预防。

[治疗]

治疗可选用贝尼尔(三氮脒、血虫净),每千克体重7毫克,配成5%的溶液分点深部肌肉注射,每天1次,连用3次;或硫酸喹啉脲(阿卡普林),每千克体重0.6～1.0毫克,配成5%溶液皮下注射;或黄色素(锥黄素),每千克体重3～4毫克,配成0.5%～1%溶液静脉注射,隔1～2天重复一次。在用药后数日内需避免烈日照射,同时注意对症治疗。

(五)犊牛球虫病

犊牛球虫病是由艾美耳属的几种球虫寄生在牛的肠道内引起的一种寄生虫病,其特征为急性肠炎、血痢等。

[病因]

本病的病原主要是邱氏艾美耳球虫和牛艾美耳球虫,寄生于肠道上皮内,完成裂殖生殖和配子生殖,最后发育为卵囊,离开肠道上皮细胞随粪便被排到体外。卵囊在潮湿温暖的环境中,经过3～4天,卵囊内形成子孢子,这种卵囊叫做孢子化卵囊,已经具有了感染性,被其他牛食入后而感染。

[症状]

犊牛感染球虫后,病初出现轻度下痢,不久即排黏液性血便,甚至带有红黑色的血凝块及脱落的肠黏膜,粪便恶臭。由于排出血便,所以尾部、肛门及臀部被污染成黑色,在牛舍墙壁和地面可见散在的红褐色的下痢便。症状进一步发展,病牛出现弓背,由于腹痛,常见病牛后肢踢腹部,并不断地努责。如果治疗不及时,可因衰竭而死亡。

［诊断］

对病牛排出的血便，用饱和盐水漂浮法进行显微镜检查，查出球虫卵囊即可确诊。

本病在临床上要注意与大肠杆菌病相区别，大肠杆菌病多发生于出生后数日内的犊牛，剖检见脾脏肿大；而球虫病一般多发生于1月龄以上的犊牛，剖检见肠道广泛性出血性炎，直肠内容物呈褐色，恶臭，有纤维性薄膜和黏膜碎片。

［预防］

平时应搞好牛舍卫生，及时清理排出的粪便，每天更换新的垫草，保证饮水清洁和给予优质清洁的干草。对病牛排出的粪便和污染的垫草，应集中消毒或生物堆肥发酵，对病牛污染场地如牛舍、牛床、牛栏等，及时用3%火碱水溶液消毒，每周一次。

［治疗］

治疗可用磺胺二甲基嘧啶，犊牛每天每千克体重口服100毫克，连用3～4天；或用氨丙啉，每天每千克体重口服25毫克，连用4～5天。同时结合应用止泻、强心和补液等对症疗法。

（六）奶牛螨病

螨病是由疥螨和痒螨寄生于奶牛皮肤引起的慢性皮肤病，又称疥癣或癞。临床以剧痒、皮炎、脱毛和具有高度传染性为特征。

［病因］

疥螨，主要寄生于牛体表皮深层，外形呈龟形，浅黄色，大小为0.2～0.5毫米。成虫8条腿，幼虫6条腿。（见图8-2）

痒螨，寄生于牛体皮肤表面，外形呈长圆形，大小为0.5～0.9毫米，肉眼可见。其全部发育过程都在牛体上进行，经卵、幼虫、若虫和成虫四个发育阶段。（见图8-2）

犊牛最易感，主要是通过接触病牛，或被螨虫污染的栏、圈、用具等而感染。多发生于秋冬季节和圈舍阴暗、拥挤、饲养管理差的奶牛场。

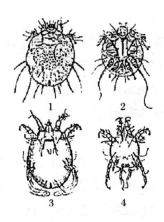

图8-2　疥螨和痒螨

1.疥螨雌虫　　2.疥螨雄虫　　3.痒螨雌虫　　4.痒螨雄虫

[症状]

牛患疥螨和痒螨一般呈混合感染，初期在头颈部发生不规则的丘疹样病变，病牛剧痒，用力磨蹭患部，使患部落屑、脱毛，皮肤增厚，失去弹性，脱落的皮屑、污物、被毛和渗出物黏结在一起形成痂垢。病变逐渐扩大，严重时可蔓延到全身。有的病牛因消瘦和病情恶化而死亡。

[诊断]

选择病变与健康皮肤交界处，用消毒凸刃小刀刮去干燥皮屑，直到有血印出现，取最后刮下的皮屑滴加少量50%甘油水溶液置于载玻片上，在低倍镜下检活虫体，用放大镜观察是否有白色小虫向外爬出。另将刮取的皮屑放在试管中，加5%~10%氢氧化钠溶液煮沸数分钟，每分钟2 000转，离心5分钟，取沉淀，检查虫体。成虫呈微黄白色,背面隆起,腹面扁平,躯体腹面有四对粗短的足。

［预防］

加强饲养管理,增强奶牛体质,搞好环境卫生,保持场地通风、干燥,定期对运动场、牛舍进行消毒。建立科学的驱虫保健制度,在每年晚冬早春(2~3月)和晚秋早冬(10~12月)两季进行全群驱虫,母牛在产后100天内进行驱虫,犊牛在断奶前后驱虫,转场、转舍或由放牧转为舍饲前必须驱虫。经常检查牛群中有无掉毛、擦痒牛只,一经发现,及时隔离诊断治疗,待完全康复后,再合群饲养。

［治疗］

应根据发病情况来选择治疗方法。一般病牛数量少时,采用局部治疗法,局部剪毛后用药反复涂擦,常用药主要有:辛硫磷乳剂配成0.1%溶液,或亚胺硫磷配成0.1%溶液,涂于患部。病牛多时,在温暖季节采用药浴法:常用药物有0.025%~0.03%的林丹乳剂,0.05%辛硫磷乳剂,0.1%杀虫脒乳剂;或用伊维菌素(奶牛泌乳期禁止使用),口服或外用,剂量按每千克体重0.2毫克计算,效果甚佳。

五、奶牛常见内科病的防治

（一）口炎

口炎是指口腔黏膜层的炎症。临床以流涎、采食、咀嚼障碍为特征。

［病因］

多因饲喂过于粗硬饲料如尖锐麦芒、枯梗秸秆而直接刺伤口腔黏膜;检查口腔时粗暴、使用开口器、胃导管及投药时粗鲁等机械性损伤;误食有毒植物、有刺激性的物质或高浓度有刺激性的药物,饲喂发霉、腐败饲草如锈病菌及黑穗病菌的饲料而引起口炎的发生。继发于某些疾病,如咽炎、唾液腺炎、前胃疾病、胃炎、肝炎、口蹄疫、维生素缺乏症等。

［症状］

单纯性或卡他性口炎,病牛采食、咀嚼障碍和流涎。病初,黏膜干燥发热,唾液量少,随病情发展而分泌增多,唾液常混有食屑、血丝。口腔知觉敏感,采食、咀嚼缓慢。开口检查时见黏膜呈斑纹状或弥漫性潮红,温热疼痛,肿胀;口内不洁且甘臭或腐臭。病牛全身症状轻微。如有继发感染,可使体温升高,若治疗及时,一般全身症状不明显。

［预防］

平时要加强饲养管理,对粗硬饲料可粉碎或氨化处理,不给过热的饲料,或灌服过热的药液。作口腔检查或经口投药时,检查要仔细,操作要慎重。如在冬春季节,发现不明原因的口炎,应加强对全牛场的监测,以防口蹄疫的发生与蔓延。定期检查口腔,牙齿磨灭不齐时,应及时修整。

［治疗］

口炎的治疗首先应除去病因,加强护理。药物治疗时,可选用1%食盐水或2%硼酸溶液,0.1%高锰酸钾溶液洗涤口腔,不断流涎时,用1%明矾溶液或1%鞣酸溶液,0.1%氯化苯甲烃铵溶液,0.1%黄色素溶液冲洗口腔,每天冲洗2~3次。口腔内有溃疡灶者,病变部可涂擦2%硼酸甘油,或口噙青黛散(黄连、黄柏、薄荷、桔梗、儿茶各等份),也可口噙磺胺明矾散(磺胺类药物10~30克,碳酸氢钠20克,明矾10克,黄芩30克),吃草时取下,吃完再带上,每天更换一次,都有较好疗效。

(二)食道阻塞

食道阻塞是由于咽食块状饲料或异物阻塞而引起的一种食管疾病,俗称"草噎"。以咽下障碍为主要特征。按照程度,可分为完全阻塞和不完全阻塞。按照部位,可分为咽部食管阻塞、颈部食管阻塞和胸部食管阻塞。

[病因]

因牛在饥饿、抢食、采食受惊等应激状态下或麻醉复苏后不久,由于咀嚼不细,唾液分泌不足,食物未经充分咀嚼而急速吞咽;或对一些块状饲料,如胡萝卜、甘薯、甜菜、马铃薯等未充分加工切碎,豆饼未充分浸泡变软而饲喂;有时对牛管理不严,牛从运动场跑出后,偷食贮藏的玉米棒子、果园中的苹果、厩舍内的胎衣。此外,还可因误食毛巾、破布、塑料薄膜、毛线球、木片或胎衣而发病;也可继发于其他疾病,如食道狭窄、食道痉挛、食道麻痹等。

[症状]

病牛在采食中突然发病,停止采食,惊恐不安,头颈伸直,张口伸舌,呈现吞咽动作,呼吸急促,伴发咳嗽。颈部检查时,触诊食道可感到有阻塞物,有的可看到颈部有明显的局部突起。胸部食道阻塞时,检查可见在阻塞部位的上方食道内充满唾液,触诊能感到波动并引起哽噎运动。瘤胃臌胀及流涎是牛食道阻塞的特征性症状。食道完全性阻塞时,则迅速发生瘤胃臌胀,嗳气停止,瘤胃臌气,呼吸、心跳增数。

[诊断]

根据本病为突然发病、病后流涎、吞咽障碍、瘤胃膨胀、痛苦不安以及食道触诊、探诊可感知有阻塞物等,可作出初步诊断;或用胃管进行探诊,当触及阻塞物时,感到阻力,不能推进;X射线检查,在完全阻塞时,阻塞部呈块状密影,此时可以确诊。

[治疗]

治疗时应先确定阻塞物的性质、阻塞的部位与阻塞情况,选用下列方法进行治疗。

（1）挤压法：此法适用于甘薯、萝卜、玉米棒等颈部阻塞。将病牛保定好，向食道内灌注石蜡油或植物油200～300毫升，以润滑食道，并浸软阻塞物，然后用手掌由下向上把阻塞物向咽头方向压迫、滑动，当滑动到咽部时助手用双手卡住、固定，再装上开口器，取出阻塞物。

（2）掏取法：术者站在病牛的正前方，先用一条毛巾包盖切齿，右手拉出牛舌，并交换于左手，然后左手向前下方尽量将舌拉紧拉出，右手经口腔伸入，五指并拢，向前伸，迅速达到阻塞部位取出阻塞物。小牛口腔小，取阻塞物时可用钳子将其取出。

（3）食管内打气法：将胃管插入食管后，将露在外部的一端接到气筒上打气，利用打入的气体将阻塞物推入胃中。

（4）洗涤法：若阻塞物为颗粒状或粉状饲料时，可用清水或弱碱液，通过胃管，在阻塞部位反复进行洗涤，以便溶化、洗出。

（5）胃管插入法：此法多用于颈部和胸部食道阻塞，初期可用稍粗硬的胃管，缓慢地推入胃内，如果推进困难或病牛反抗强烈时，可先经胃管吸出食道内容物，随即灌入2%普鲁卡因约50毫升，并抬高病牛头部，经5～10分钟后，灌入1∶2的水、石蜡油合剂200～300毫升，可能自动咽下阻塞物，也可在灌入石蜡油后再试用胃管推送。

（6）手术疗法：当使用上述方法无效时，或者因食道内有金属物、玻璃片等尖锐异物阻塞时，应及时施行食道切开术，切开食道阻塞部位取出阻塞物。

对病情严重，病程较长的应补液、消炎。

［预防］

平时饲喂要定时定量，勿使饥饿，防止采食过急；合理调配饲料，如豆饼要泡软，块根类饲料要适当切碎等；当牛群采食时，不要有过大的响动，以免牛受到惊吓；经常饲喂维生素、微量元素等，防止异食癖；清理牧场、厩舍周围的废弃物。

（三）前胃弛缓

由于各种病因导致前胃神经兴奋性降低，肌肉收缩力减弱，瘤胃内容物运转缓慢而引起前胃机能障碍的一种疾病。临床特征是食欲、反刍减退。

［病因］

原发性前胃弛缓主要由于长期饲喂大量粉料和难以消化的粗饲料；或精料喂量过多，或突然食入过量的食口性好的饲料，如玉米青贮等；在日粮配合不当，矿物质或维生素缺乏，特别是缺钙时，也易引起前胃弛缓；此外，误食塑料袋、化纤布，或分娩后的母牛食入胎衣，难产、分娩、断乳、恐惧、长途运输、劳累过度等应激因素，均可引起前胃弛缓。

继发性前胃弛缓常继发于产后瘫痪、酮血症、瘤胃酸中毒、创伤性网胃心包炎、乳房炎以及流行性热、巴氏杆菌病、口蹄疫、传染性胸膜肺炎等病。另外用药不当，如长期应用磺胺类药和抗生素，特别是内服大剂量广谱抗生素，杀死或抑制了瘤胃内常在菌群或有益菌，可造成瘤胃内菌群失调而发病。

［症状］

发病初期，病牛食欲减退，挑食、磨牙，反刍无力、次数减少，进一步发展见食欲废绝，反刍停止，左肷部凹陷，压之松软。最明显的症状是听诊瘤胃蠕动减弱，有的是轻度臌气。排粪减少，粪粗且色深。如未继发其他疾病，全身症状不明显。

慢性前胃弛缓的病牛，病期长，症状较轻，食欲和反刍减少，瘤胃蠕动时好时怀，便秘与下痢交替出现，常发生异嗜癖，并逐渐消瘦、贫血，体质变弱。

[诊断]

根据病因分析和临床表现,以瘤胃蠕动无力、减少至停止,食欲不振或废绝,反刍减少甚至停止,并伴有轻微的瘤胃酸中毒为症状,即可确诊为本病。

[预防]

加强饲养管理,合理调配日粮,防止饲料及饲养方法突然改变,不喂冰冻、发霉、腐败的劣质饲料。奶牛要加强运动。

[治疗]

先禁食1~2天,然后少量饲喂优质干草和易消化的饲料,有助于恢复。为兴奋瘤胃蠕动,促进反刍,选用10%氯化钠溶液100毫升,10%氯化钙注射液100毫升,20%安钠咖注射液10毫升,10%葡萄糖1 000毫升,一次静脉注射;或用市售促反刍液500~1 000毫升,25%葡萄糖注射液500毫升,生理盐水1 000毫升,一次静注,每天1次,连用2~3天。也可用氨甲酰胆碱1~2毫克皮下注射(孕牛忌用)。为改善瘤胃内环境,用碳酸氢钠50克,常水适量,一次灌服。也可灌服正常牛瘤胃液3 000毫升。

(四) 瘤胃臌气

瘤胃臌气是由于采食了大量容易发酵的饲料,使瘤胃急剧膨胀的疾病。临床表现以嗳气、反刍、呼吸和血液循环障碍为特征。

[病因]

原发性瘤胃臌气,常与采食大量易发酵饲料有关,如苜蓿、紫云英、野豌豆、沙打旺、三叶草等幼嫩多汁豆科牧草,饲喂发霉、变质的潮湿饲料,如低洼地水草、霜露及冰冻草等,误食某些毒草,都能引起本病。继发性瘤胃臌气,主要见于前胃弛缓、创伤性网胃腹膜炎、瘤胃积食、食管阻塞等疾病。

［症状］

急性病例，病牛腹围急剧增大，肷窝突出，腹壁紧张而富有弹性，叩诊呈鼓音，听诊瘤胃蠕动音减弱或消失。病牛腹痛不安、回头观腹、摇尾、后肢踢腹。食欲废绝，反刍和嗳气很快停止。严重时呼吸高度困难。体表静脉怒张，结膜发绀。慢性病例发展较慢，出现周期性膨气，即使穿刺放气过后又可复发。病牛逐渐消瘦。

［诊断］

根据采食容易发酵饲料的病史，结合腹围增大、腹部触诊的变化等症状，可以确诊。

［预防］

防止过多饲喂易发酵的幼嫩多汁或潮湿饲料。在饲喂前晾晒含水分过多的青草，以便减少含水量。尽量不要堆积青草，以防青草发酵。禁止饲喂发霉、腐败、冰冻、块根植物及毒草。对于冰冻的饲料应经过蒸煮再予饲喂。

［治疗］

（1）对轻症病例，可让牛保持前高后低的姿势，用草把按摩腹部，可促进瘤胃收缩和气体排出；也可用木棍涂一些刺激剂（如鱼石脂等）刺激舌头活动，促使其嗳气。然后通过胃管灌入石蜡油1 000~2 000毫升，如有蓖油，取100毫升加温水适量灌服更好。如果没有石蜡油可用植物油代替，但不要用猪油。如有条件可用促反刍液静注，疗效显著。

（2）对重症病例，要及时穿刺放气，放气后从穿刺针注入瘤胃"消气灵"2支（加温水适量注入），或8%福尔马林50~100毫升加水稀释后注入。也可用鱼石脂10~20克加水溶开后注入。如果为泡沫性膨气，则放不出气，需用消沫药，可用松节油30~40毫升，或2%二甲基硅油100毫升加水适量注入瘤胃。

（3）中药预防，可把中药煎成水剂（携带方便），处方为：枳实50克，川朴50克，木香20克，香附50克，莱菔子50克，二丑30克，神曲100克，甘草15克，煎水加植物油500毫升。在放牧过程中突然发病时应立即灌服。

（五）瘤胃积食

瘤胃积食是指瘤胃内充满过量较干硬的食物，引起瘤胃体积增大，胃壁扩张，致使瘤胃蠕动及消化机能紊乱的疾病。其特征是瘤胃质度变硬。

［病因］

由于奶牛贪食大量喜爱吃的粗纤维饲料，或突然更换适口性好的饲料，如豆秸、山芋藤、老苜蓿、花生蔓、紫云英、稻草、麦秸、甘薯蔓等；或偷吃大量容易膨胀的精料，如豌豆、玉米、豆饼、大麦等；也可由于不按时饲喂，过度饥饿后一顿饱食；或由放牧突然转变为舍饲，都易造成瘤胃积食。此外，还可继发于前胃弛缓、瓣胃阻塞、创伤性网胃炎及真胃积食、真胃炎等疾病。

［症状］

奶牛采食后数小时发生食欲、反刍、嗳气减少或很快停止。鼻镜干燥，腹围增大，尤以左腹部明显。触诊瘤胃充满，坚实；听诊瘤胃蠕动减弱或消失；叩诊瘤胃呈鼓音。直肠检查可摸到扩张的瘤胃壁，严重的可见肛门、阴门后凸。病畜可排出少量干硬的粪便，有时排少量的恶臭稀便。呼吸困难，结膜发绀，脉搏加快，可达每分钟120~140次，体温正常。后期常因脱水和自体中毒呈循环虚脱。

［诊断］

根据过食病史、瘤胃质度坚实，食欲、反刍停止等症状即可作出诊断。

　〔预防〕

　加强饲养管理,防止突然变换饲料或过食。尽量避免外界不良因素的影响和刺激。

　〔治疗〕

　对轻度或中度病牛,可灌服酵母粉,控制饲喂1~2天精料,即可恢复;或灌服石蜡油1 000~2 000毫升;或灌服健脾消食散2剂,处方为:党参30克,厚朴25克,陈皮30克,青皮25克,枳实20克,莱菔子30克,山楂30克,神曲30克,麦冬30克,白术25克,黄芪30克,甘草25克(注意:孕牛应去掉莱菔子)。也可用10%葡萄糖1 000毫升,5%碳酸氢钠500毫升,生理盐水1 000毫升,20%安钠咖10毫升,维生素C 30毫升,一次静注,连用1~2天。对重度积食的病牛,需尽快做瘤胃手术,取出内容物。为防止瘤胃酸中毒,可用5%糖盐水2 000~3 000毫升,5%碳酸氢钠300毫升,20%安钠咖10毫升,400万单位青霉素10支,一次静注。

　(六)肠胃炎

　这是奶牛胃肠黏膜及黏膜下层组织的炎症,以胃肠机能障碍和自体中毒为特征。

　〔病因〕

　原发性病因,主要由于采食了发霉的饲料或误食了有毒物质;饲养不当或突然改变饲料,饲喂过量精料;机体抵抗力降低、胃肠运动弛缓等。继发性原因,多是发生于传染病和寄生虫病过程中,以及用药不当等。

　〔症状〕

　病初表现急性消化不良症状。随着炎症加剧,全身情况迅速恶化,精神高度沉郁,食欲废绝,口腔干燥,有口臭和厚的黄色舌苔;结膜和口色暗红,体温升高,脉搏弱而快;腹泻,粪内含有数量不等的黏液、血液、脓液和脱落的黏膜片等病理产物。肠音初增强,后由于肠麻痹,虽然腹泻但肠音减弱甚至消失。重症可见肛门松弛,排粪失禁,当炎症波及到小结肠和直肠时,出现里急后重现象,最后因腹泻导致机体很快发生脱水和自体中毒,体温下降,衰竭死亡。

[诊断]

根据腹泻为主要症状,粪便内含有黏液、血液等临床症状,可作出诊断。

[预防]

防止奶牛采食腐败饲料、饲草和冰冻、脏污不易消化的草料,或突然变换饲料,加强牛舍及牛床卫生管理,要早发现早治疗。

[治疗]

选用磺胺脒、碳酸氢钠各40克,加水适量一次灌服,每天2~3次;用氯霉素3~5克或痢特灵、环丙沙星、诺氟沙星等灌服;当肠内容物基本排空,排出物臭味不大而腹泻仍不止时,可用0.1%高锰酸钾溶液1 500~2 500毫升,一次灌服,每天1~2次,可获良效。对下痢严重的病牛,可选用10%葡萄糖、复方氯化钠等静脉注射,强心选用20%安钠咖,配合5%碳酸氢钠及维生素C静注。同时腹腔注射0.5%甲硝唑5毫升,一天1次,连用3天,并给予中药郁金45克,黄连20克,黄芪30克,黄柏30克,诃子30克,栀子30克,白芍30克,大黄45克,山楂、麦芽、神曲各25克,每天1剂,连用3天。

(七)瓣胃阻塞

瓣胃阻塞是指瓣胃内积聚大量干涸的内容物而引起的瓣胃麻痹和食物停滞为特征的疾病,俗称“百叶干”。该病发病率低,原发性少见,继发性多见,在奶牛临床上较少引起人们的重视。

[病因]

原发的原因主要是长期饲喂粗硬坚韧而又纤维多的粗饲料,如苜蓿秸、豆秸等, 而饮水不足; 或饮入水中含有大量泥沙而导致瓣胃秘结。继发性的病因较多, 如重瓣胃炎、前胃积食、横膈膜及网胃粘连、真胃变位或捻转、血孢子虫病、产后瘫痪等。

[症状]

发病初期病牛精神沉郁, 食欲和反刍次数减少或停止, 鼻镜干燥, 嗳气增加, 乳产量降低, 前胃弛缓和瘤胃积食、臌气症状。随病程延长, 眼结膜发绀, 眼凹陷, 四肢无力, 全身肌肉震颤, 卧地不起。当瓣胃小叶坏死后, 可引发败血症, 此时体温升高, 呼吸脉搏增数, 粪稀、带血、恶臭, 可迅速引起死亡。死后剖检, 瓣胃坚硬, 内容物干燥似如干泥样, 小叶坏死呈片层状脱落和溃疡。

[诊断]

根据长期饲喂粗硬的干饲料, 或饮入含有大量泥沙的水, 以及食欲减少或废绝等临床症状, 可作出初步诊断。

在病牛右侧7~9肋间肩关节水平线处听诊, 瓣胃蠕动音消失, 这个部位叩诊其浊音区扩大并有疼痛表现, 这种变化具有证病意义。

[预防]

加强饲养管理, 严格遵守饲料管理制度, 饲料或饮水中严防泥沙混入, 饲喂日粮配合要平衡, 防止前胃疾病的发生, 一旦发生前胃疾病, 应及时治疗。

[防治]

(1)灌服泻剂: 用硫酸镁500~1 000克, 或液体石蜡油1 000毫升, 一次灌服。当完全阻塞时, 使用药物治疗无效, 为恢复瓣胃机能, 可用5%~10%氯化钠液500毫升, 安钠咖2克, 一次静脉注射。

(2)瓣胃注射: 用长针头在右侧第8~9肋间肩关节水平线处向对侧肘头方向刺入8~12厘米, 刺入瓣胃时, 好像穿过纸层感觉。用注射器抽取胃内容物,如注射器内混有少量粪渣的污染液体时,证明已刺入瓣胃内,可向内注入25%硫酸镁200~500毫升。

（八）真胃变位

真胃（皱胃）变位是指真胃的正常解剖位置发生改变,引起消化机能障碍,导致营养不良的一种内科疾病。临床上主要分为左方变位和右方变位。左方变位是指真胃通过瘤胃下方移到左侧腹腔,置于瘤胃和左腹壁之间,且因真胃内常积聚大量的气体,而使其浮移至瘤胃背囊的上方;右方变位是指真胃向后方扭转（顺时针）置于肝脏和右腹壁之间。

［病因］

奶牛真胃变位是由于饲料精粗比例不当,过食精料,长期缺乏运动及产犊等原因导致奶牛真胃弛缓所引起。临床上多见于高产奶牛。

［症状］

（1）左方变位:本病多发生在分娩之后8天以内。病牛呈现消化机能紊乱,瘤胃蠕动减弱,食欲减退,拒食精料和多汁饲料,但能吃些干草等粗料。少数病牛表现回顾腹部、蹴踢腹部的腹疼症状。粪便减少,呈糊状,深绿色,往往呈现腹泻,有时发生短暂的便秘。乳汁和奶牛呼出的气体有时有烂苹果味,尿检呈中度或重度酮尿。病牛日渐消瘦,腹围缩小,有的病牛左腹最后3个肋弓区与右侧相对部位比较明显膨大,但左侧腰旁窝下陷。多数病牛若无继发感染,体温、呼吸、脉搏变化不大。直肠检查能在瘤胃左方摸到真胃。病程长达10~30天不等。

（2）右方变位:多发生在产犊后3~6周内,症状比较重,病牛突然腹疼,蹴踢腹部,背下沉,呈蹲伏姿势。心跳增至每分钟100~120次,体温偏低,瘤胃音减弱或消失。下痢,粪便黑且常有血液。尿酮实验为阳性。轻者病程10~14天。重者伴有严重的脱水、休克、碱中毒,48~96小时可引起死亡。多因真胃高度扩张,以致发生破裂而死亡。

[诊断]

采用听诊和叩诊相结合的常规诊断方法。一般于左右侧腹壁出现特征性"钢管音",以钢管音为主要依据,结合病史、临床症状作出诊断。实验室检查,发生真胃变位奶牛,出现低血钾症、低血氯症和代谢性碱中毒,血清尿素氮升高,粪便潜血试验阳性。

[预防]

奶牛真胃变位的原因很多,且发病后诊断比较困难,往往误诊误治,造成很大的损失。故平常应注意均衡的营养供应,科学的饲养管理,做好综合预防工作。兽医人员平常应与生产管理人员多沟通,及时发现病情,尽快确诊并治疗,以免延误最佳的治疗时间,导致症状加重或并发其他炎症。

[治疗]

少数病例在初期采用滚转法或药物法,如皮下注射3%毛果芸香碱5毫升,每天2次,连用3天,可能康复,但复发率高达50%左右,且这两种方法对右方变位治疗无效。所以为不耽误病情,防止复发,可采用手术疗法。手术既可探查确诊,又可直接将真胃整复固定,手术时间短(少于2小时),且成功率高,不易复发。

(1)左方变位:手术部位可分为左侧腹壁、右侧腹壁、左右侧腹壁切口三种方法,不同切法各有利弊。一般认为在左右双侧腹壁切口虽多一个切口,但手术效果最佳。术前对瘤胃积液过多的病牛进行导胃减压,对脱水和电解质紊乱的进行补液和纠正代谢性碱中毒。

具体操作:五柱栏内站立保定,左右两侧腹部剪毛,彻底清洗,常规消毒。用3%盐酸普鲁卡因注射液60毫升, 分三点注射, 进行腰旁神经干传导麻醉 (第13胸神经和第1、2腰神经), 同时配合术部浸润麻醉。麻醉后一术者常规切开左侧腹肋部, 用手从切口进入腹腔探查, 进一步确诊。另一术者在右侧较左侧术部稍下的腹肋部切开至腹腔。然后左右两术者的手分别从切口进入腹腔, 相互配合使左移的真胃恢复到右侧的正常解剖位置。右侧术者在助手的配合下, 在真胃大弯区分三处用10号缝合线将真胃浆膜和肌层进行纽扣状缝合, 固定在离创缘前的腹壁内层肌肉上。左右两侧创口自内向外逐层清理后, 撒布青霉素、链霉素再常规缝合腹壁各层。术后应用抗生素和激素类药7天, 控制炎症, 同时配合其他对症治疗。

(2) 右方变位: 保定与麻醉同左方变位, 仅在右腹部切口。切开腹腔后, 变位的真胃就暴露在切口内, 大多数病牛需要放气、排液实施减压。然后探查真胃的扭转方向并加以整复。为防止整复后再度复发变位, 参考左方变位的固定法将真胃固定在右侧腹底壁上。最后常规闭合切口, 并做好术后护理。

(九) 创伤性心包炎

创伤性心包炎是牛随草料吞食了铁丝、铁钉、针、玻璃碎片等尖锐异物, 异物由网胃经膈肌刺入心包, 引起的心包炎症, 是奶牛养殖中的常见病。临床上以心区疼痛、有摩擦音和拍水音、心浊音区扩大为特征。

［病因］

发生本病与牛的采食方式有关, 牛在采食时, 用舌头将饲草料卷入口中, 同时连饲料中的异物也一同吃下, 吃入的异物从瘤胃进入网胃或直接到达网胃, 一般都沉积在网胃底部, 在网胃强有力收缩时, 随着网胃蠕动而刺穿网胃壁。进一步可穿过横膈刺伤心包, 引起创伤性心包炎。

［症状］

病初呈现顽固性前胃弛缓和创伤性网胃炎症状，如食欲减退，反刍停止，瘤胃臌气，病牛起卧动作小心缓慢，卧地时常头颈伸直，站立时常肘部外展，肘肌发抖。病牛排粪、排尿时呻吟，不愿转弯。上坡较灵活，而下坡时拒绝行走。全身症状突然加重，体温升高达41℃左右，有的出现静脉怒张，心区触诊疼痛，叩诊浊音区扩大，听诊有心包摩擦音或心包拍水音，心搏动明显减弱。结膜发绀，颌下、颈前、胸前出现水肿。

［诊断］

主要根据临床表现，一般经多次按瘤胃弛缓治疗而没有明显效果时，可初步诊断为本病。还可根据病牛站立姿势、起卧姿势、运动异常等作出辅助诊断。

［预防］

主要以预防为主，平时应加强饲养管理，保管好饲草饲料，使用带有磁性的料勺和草叉；奶牛的运动场要随时检查，及时清除各种设备维修时剩下的铁丝、钉子等有潜在危害的物品；在有条件的奶牛场和小区可在育成牛后期给牛投放永久性磁笼，做到一劳永逸，保证奶牛的健康。

［治疗］

保守疗法：发病前3天用10%的葡萄糖1 500毫升，四环素500万单位，维生素C 100毫升，10%安钠咖20毫升，每天1次静脉注射。3天后改用10%的葡萄糖1 500毫升，复方水杨酸钠200毫升，10%的氯化钙150毫升，维生素C 100毫升，每天1次静脉注射。同时用青、链霉素，每天2次肌肉注射，注意剂量要适当加大。经过几天的治疗后，临床症状会有所好转。

手术疗法：一般在发生本病早期效果比较好。将奶牛站立保定,切开瘤胃,取出部分内容物,用手通过瘤网胃孔进入网胃,寻找异物并取出,按常规方法消毒后,进行缝合和精心护理。治愈率可达90%以上。但对已经形成腹腔脏器粘连和脓肿的病例,治愈的可能性小,确诊后应予以淘汰。

(十)感冒

感冒是奶牛常见的普通病,四季都可发生,但以冬春两季气候突变时多见。以发热、怕冷、咳嗽、流鼻涕等为主要特征。

[病因]

主要由于外界不良因素如寒冷、寒夜露宿、久卧凉地、贼风侵袭、冷雨浇淋、风雪袭击后,导致奶牛抵抗力降低,病毒突然乘虚而入,侵袭鼻腔、咽喉等部位,而发生本病。

[症状]

病牛体温升高达39.5~40℃以上,皮温不整,鼻端、耳尖及四肢末梢发凉。咳嗽,流水样鼻液,随后肺泡呼吸音增强,有时可听到湿啰音。脉搏增数,呼吸加快,结膜潮红,眼睛流泪。随后病牛精神沉郁,食欲减退或废绝,反刍减少或停止,瘤胃蠕动音减弱,粪便、鼻镜干燥,时常磨牙等。如不及时治疗,有可能继发支气管炎及肺炎。

[诊断]

根据外界环境因素突然改变,病牛怕冷、发热、咳嗽、流涕等症状综合诊断。

[预防]

加强饲养管理,避风保暖,给足饮水,饲喂易消化的饲料。做好防寒保温工作,防止突然受凉。

[治疗]

一般可灌服阿司匹林10~25克;肌肉注射30%安乃近或安痛定注射液20~40毫升;防止继发感染,应配合应用抗生素或磺胺类药物。也可选用中药治疗,配方为麻黄30克,桂枝40克,苏叶60克,杏仁30克,桔梗35克,甘草25克,生姜50克,葱白100克,痰多加茯苓40克,气喘加苏子30克,研磨一次灌服。

(十一)支气管肺炎

支气管肺炎又称小叶性肺炎,是由病原微生物引起以细支气管为中心的个别肺小叶或几个肺小叶的炎症。

[病因]

主要由于受寒感冒,或饲养管理不当,或某些营养物质缺乏,长途运输,物理、化学因素等,使机体抵抗力降低,感染病原微生物所致。也可继发于某些疾病,如子宫炎、乳房炎、某些传染病和寄生虫病等。

[症状]

病牛体温可达39.5~41℃(或体温时高时低),精神沉郁,食欲、反刍减退或停止,前胃弛缓,眼结膜潮红或发紫。脉搏增数,可达每分钟60~100次,呼吸困难。鼻流少量浆液性、黏液性或脓性分泌物。胸部听诊,病灶部肺泡呼吸音减弱或消失,健康部肺泡呼吸音增强,可听到捻发音、小水泡音、支气管呼吸音、干啰音或湿啰音。胸部叩诊,常引起疼性咳嗽,有局限而散在的半浊音区及浊音区,多在肺脏前下方的三角区内。

[诊断]

根据咳嗽、体温、听诊、叩诊等典型症状作出诊断。

[预防]

加强饲养管理,减少应激因素的刺激;及时治疗原发病。

[治疗]

治疗选用青霉素200万~400万国际单位,链霉素200万~300万国际单位,肌肉注射,每8~12小时一次,连用3~5天。体温较高时,应用复方氨基比林或安痛定注射液20~50毫升；出汗过多引起脱水者，应适当补液，纠正水、电解质和酸碱平衡紊乱。

中药治疗，可用麻黄15克，杏仁8克，生石膏90克，金银花30克，连翘30克，黄芩24克，知母24克，元参24克，生地24克，麦冬24克，花粉24克，桔梗21克，共研末，蜂蜜250克为引，一次开水冲服。

六、奶牛常见外科病的防治

（一）结膜炎

结膜炎是指眼结膜受外界刺激和感染而引起的炎症，是奶牛的一种常见眼病。临床可分为卡他性结膜炎和化脓性结膜炎两种。

［病因］

主要是由于机械因素（如灰尘、沙石、鞭打、角斗等）或化学因素（如氨气、石灰、熏烟、农药、酒精、刺激性软膏等）刺激结膜而发生。此外，结膜炎也可并发于某些疾病，如牛恶性卡他热、传染性结膜角膜炎、牛流行性感冒、霉菌中毒、线虫寄生等，以及邻近组织（泪器、眼眶、角膜等）炎症的蔓延。

［症状］

卡他性结膜炎：是临床上最常见的病型，表现结膜潮红、肿胀、充血、羞明、流泪，眼内流出浆液性、黏液性或脓性分泌物。

化脓性结膜炎：症状加剧，眼睑高度肿胀，由眼内流出多量脓性分泌物，上、下眼睑常被粘在一起；往往伴发结膜和角膜表层糜烂及溃疡；常带有传染性。

［预防］

应避免对奶牛眼部机械性和化学性的刺激，防止角斗或鞭打眼部，及时治疗能继发眼结膜炎的疾病。

某些病例可能与机体的营养或维生素缺乏有关，对此，应改善病牛的营养,并供给足够的维生素。

[治疗]

对卡他性结膜炎,先用微温的生理盐水、2%硼酸溶液或0.1%雷佛奴尔溶液清洗患眼,再用0.5%~1.0%硝酸银溶液点眼,每天1~2次;疼痛显著时,可用2%可卡因溶液点眼;对严重病牛,可采用抗生素或磺胺类药物进行全身疗法。

对化脓性结膜炎,除选用上述疗法外,尚可用碘仿粉或1%碘仿软膏,并且同时用青霉素普鲁卡因溶液(青霉素20万单位,0.5%盐酸普鲁卡因溶液20毫升)作球后封闭。方法是用注射针沿眼眶内侧的中部刺入球后间隙,深3~4厘米,即可注射药物。

(二)创伤

由多种原因造成皮肤和黏膜的完整性损坏,而且伴有深部组织的损伤,称为创伤。

[病因]

机械性因素:如跌倒、打击、碰撞等,或治疗不当引起,如直肠检查、手术等。

物理性因素:如烧伤、冻伤、电击及放射性损伤等。

化学性因素:如强酸强碱、强刺激剂、毒气、刺激性药物引起的损伤等。

生物性因素:如各种细菌和毒素引起的损伤等。

[症状]

创伤的共同症状是出血、裂开(受伤组织断离和收缩)、疼痛(受伤后组织结构受损)、机能障碍(局部组织结构破坏和疼痛造成的)。不同部位、不同原因造成的创伤有其特殊症状。如腹部的损伤有时可造成肠穿孔、腹膜炎等;因毒素(毒蛇、蜂毒等)引起的创伤部伤口不大,但可见局部迅速肿胀,有明显的疼痛,严重时还有全身症状。

[治疗]

对新鲜创的治疗：根据出血的部位、性质和程度，及时采取压迫、填塞、血管结扎或创面撒布止血粉等方法进行止血，必要时给予全身性止血药或输血；若有感染，应用抗生素、维生素、输液等，进行全身治疗。

对化脓创的治疗：先剪去创周被毛，去掉异物和血凝块，用消毒液或用高渗液冲洗；也可用手术的方法将坏死的组织切除，必要时可做创口引流。

（三）脓肿

指局部组织或器官内的化脓性炎灶。

[病因]

大多数是由感染化脓菌引起；或静脉注射各种刺激性药品时，误注或漏注到静脉外，也可发生脓肿，如水合氯醛、氯化钙、高渗盐水及砷制剂等；或注射时不遵守无菌操作规程，可能会引起注射局部脓肿。另外，尖锐物体刺伤或手术时局部造成污染，也可引起脓肿。

[症状]

急性脓肿：初期局部肿胀，无明显的界限，局部温度升高，有疼痛反应。以后肿胀的界限逐渐清晰呈局限性，最后形成明显的分界线；在肿胀的中央部开始软化并出现波动，并可自溃排脓，但也有经久不破溃的。

深部脓肿：局部增温不明显，常出现皮肤及皮下结缔组织的炎性水肿，触诊时有疼痛反应并有指压痕。在压痛和水肿明显处穿刺，可抽出脓汁。有的深部脓肿可导致败血症。

[预防]

严格遵守注射时的操作规程，有创伤时应及时治疗。

［治疗］

脓肿初期可冷敷或涂消炎剂，如涂布复方醋酸铅溶液、鱼石脂酒精等，或在病灶周围用青霉素普鲁卡因做环形封闭，限制炎性渗出；当炎性渗出停止后，可用热敷以促进吸收；当局部炎症产物已无消散吸收的可能性时，局部可用鱼石脂软膏、鱼石脂樟脑软膏促进脓肿成熟；必要时在局部治疗的同时，应用抗生素进行全身治疗。

（四）关节炎

关节囊和关节腔的炎症叫关节炎。本病多见于奶牛的跗关节和腕关节。

［病因］

多因机械性损伤，如摔跤、滑倒、碰撞等使关节挫伤、扭伤，进一步可继发关节炎；或因某些传染病（如副伤寒、布氏杆菌病等）及其他疾病（如风湿病、骨软症等），也可继发本病。

［症状］

由于关节腔蓄积大量浆液性炎性渗出物，致使关节肿大、热痛，指压关节憩室突出部位有明显波动。

［诊断］

根据关节肿大、疼痛、运动障碍，以及关节穿刺液等，进行综合诊断。

［预防］

防止奶牛外伤，保持牛舍干燥，不阴冷。

［治疗］

初期应用冷敷或装置压迫绷带以制止渗出。急性炎症缓和后，应促进渗出液吸收，可用湿热疗法，或樟脑酒精绷带、鱼石脂绷带等，每天更换一次；也可在患部涂布用醋调制的醋酸铅散，或涂布用酒精或樟脑酒精调制的淀粉和栀子粉，每天或隔日一次。对慢性浆液性关节炎进行治疗时，可反复涂擦碘樟脑合剂。对渗出物过多不易吸收的病例，可穿刺抽取渗出液或脓汁，然后用1%~2%普鲁卡因青霉素溶液冲洗并注入15~30毫升，打压迫绷带。

七、奶牛常见产科与繁殖障碍性疾病的防治

（一）难产

由于母体或胎儿异常，使胎儿不能顺利通过产道被娩出，称为难产。难产不仅容易造成胎儿的死亡，而且也能影响母牛的生命。因此，当母牛分娩时，必须密切注意观察，以便早期发现，及时助产。

［病因］

主要由于饲养管理不当，母牛怀孕期间营养不良或缺乏，或缺乏运动等使母牛瘦弱产力不足，不能产出胎儿；或配种过早，母牛个体小，产道狭窄，常发生于初产母牛；胎儿异常，一般是胎儿过大和胎位异常、畸形、死胎、胎势不正，可造成难产；产道损伤也会发生难产；或临产前雌激素、前列腺素、催产素分泌不足或孕酮过多致使子宫肌收缩减弱导致难产。另外，由于患有腹膜炎，使子宫腹壁及周围脏器粘连，或发生全身性疾病、布鲁菌病、子宫内膜炎等都能引发难产。

［症状］

母牛预产期已到，分娩征兆也已出现，但努责次数少，时间短，产力不足，胎儿长久不能排出或露出。有的病牛伴有低血钙，精神抑郁，伏卧，有的将头向后弯向腹侧。

［诊断］

根据预产期时间、询问饲养情况和对产道检查情况，可作出初

步诊断。

［预防］

控制母牛配种年龄，避免过早配种；加强妊娠期母牛的饲养管理，保持适当运动。临产期保持环境安静。

［治疗］

(1)产力不足：当胎儿和产道无异常时，应人工破水，及时拉出胎儿；如果胎儿姿势异常，应先矫正，而后拉出；也可皮下注射催产素50～100单位。

(2)产道狭窄：对骨盆严重狭窄及子宫颈因瘢痕严重开张不全，需及时进行剖腹产手术或截胎术；骨盆轻度狭窄及宫颈轻度开张不全，可缓慢牵拉胎儿，扩张产道，最后拉出胎儿；单纯的阴道前庭或阴门狭窄，可缓慢拉出胎儿，或用产科绳将胎头及两前肢分别系好后，先将头拉出，然后分别拉两前肢，拉时须注意保护会阴，防止撕裂，也可进行会阴切开术，待拉出胎儿后再缝合。

(3)胎儿性难产：先向子宫内灌注多量的温肥皂水，然后用手和器械矫正胎势、胎位，试行拉出；必要时截胎或剖腹产。

(二)流产

流产是由于各种原因造成的母牛妊娠中断。有时胎儿死亡后被母体吸收或排出，有时产下不足月的牛犊。流产可发生在怀孕的各个阶段，但以怀孕早期较为多见，又称为早期胚胎死亡，是隐性流产的主要原因，约占奶牛流产的38%左右。

［病因］

流产原因很多，从生产实际出发可分为传染性和非传染性两大类。

(1)传染性流产：是由特定的病原如寄生虫(阴道毛滴虫、梨形虫、附红细胞体等)、布氏杆菌、结核杆菌等，口蹄疫病毒，支原体、衣原体等,引起的母牛流产。

(2)非传染性流产:如母牛长期饲料不足、饲料单纯,缺乏某些维生素和无机盐,饲料腐败或霉败;大量饮用冷水或带有冰碴的水,吞食多量的雪;饲喂不定时而贪食过多等。突然滑倒、爬跨,拥挤、鞭打、惊吓等机械性损伤;粗暴的直肠检查或阴道检查。母牛发生重剧的肝、肾、心、肺、胃肠和神经系统疾病;大失血或贫血;生殖器官疾病或异常,如子宫内膜炎、子宫发育不全、子宫颈炎、阴道炎、黄体发育不良等。药物使用不当,如大剂量使用泻剂、利尿剂、麻醉剂和其他可引起子宫收缩的药物等。

[症状]

根据流产胎儿的日龄、形态和外部变化的不同,可分为以下五种。

(1)隐性流产:早期胚胎死亡,被母体吸收,唯一的表现是返情。

(2)显性流产:发生在怀孕中后期,流产前有明显的分娩症状,几个小时后排出不足月的胎儿、胎衣。

(3)习惯性流产:每年到怀孕的一定阶段自发流产。

(4)胎儿干尸化:胎儿死亡后由于子宫收缩微弱,子宫颈不开张,细菌也不能进入子宫内,胎儿也不发生腐败,时间稍长时,胎儿的水分被母体吸收,仅剩一个干尸在子宫里。

(5)胎儿浸润:胎儿死亡后子宫颈稍微开张但胎儿整体排不出,细菌进入子宫使胎儿发生腐败,胎儿的软组织及内脏分解液化被排出,难以分解的胎骨剩在子宫内。

[诊断]

根据相应的临床症状和妊娠检查,即可作出初步诊断,必要时进行直肠检查或其他检查。

［预防］

加强对孕牛的饲养管理，合理供应日粮，要特别注意饲料中矿物质、维生素和微量元素的供给量，以防营养缺乏。严禁饲喂发霉、变质饲料。为防止传染性流产的蔓延，将流产后的胎儿、胎衣深埋，环境应彻底消毒，流产母畜隔离。

［治疗］

（1）隐性流产：加强饲养管理，喂全价饲料，严格控制母牛的发情月龄和体重，防止配种前母牛过肥。

（2）显性流产：先检查胎儿的死活，如胎儿还活着要及时采取保胎措施，肌肉注射黄体酮注射液，每次50~100毫克，连用2~3天。也可灌服中药，配方为炒白术30克，当归30克，砂仁20克，川芎20克，白芍20克，熟地20克，阿胶25克，党参20克，陈皮30克，苏叶25克，黄芩25克，甘草10克，生姜15克，2天1剂。

（3）习惯性流产：在配种后要积极预防，配种后肌肉注射黄体酮，每次50~100毫克，每天1次，连用3~5次。上一胎流产时间前7~10天开始肌肉注射黄体酮，每次50~100毫克，直到过了流产期。

（4）胎儿干尸化：先注射雌激素，每次40毫克，3~4小时再注射一次，将手伸入直肠内刺激子宫颈。待子宫颈口舒张时，将手臂消毒伸入取出干尸胎儿。然后用0.1%新洁尔灭，或0.05%高锰酸钾，或0.1%雷佛奴尔2 000毫升冲洗子宫，最后将冲洗液全部排出。再在子宫内放入消炎药物，如可用16%露它净1支，加50~100毫升注射用水或生理盐水，或土霉素粉5~10克，或碘仿磺胺粉5~10克。

（三）阴道脱和子宫脱

阴道脱是阴道壁的一部分或全部突出于阴门之外，多发生在妊娠后期，但也有在妊娠中期或产后发生的。子宫脱是子宫一部分翻转形成套叠,或全部翻转脱出于阴门之外,多发生于分娩之后。

[病因]

由于母牛患卵巢囊肿分泌的雌性激素过多;或母牛营养不良,缺乏运动,年老体弱,致使阴道韧带和子宫韧带松弛。难产时助产不当,拉动胎儿过速、胎儿过大、胎水过多等;母牛腹压过大,努责过强;胎衣不下时人工牵引过度,都可引起阴道脱和子宫脱。长期站立于前高后低的床栏,瘤胃臌气、便秘、腹泻、疝痛等,均可诱发本病。

[症状]

(1)阴道脱:病牛表现不安,拱背、顾腹,做排尿排粪姿势。阴道部分脱出时,常在卧下时见到红色或暗红色半球状阴道襞突出于阴门外,站立时缓慢缩回。阴道全部脱出时,可见阴门外突出一排球大的囊状物,不能自行缩回,末端可见子宫颈外口及黏液塞。脱出的阴道,初呈粉红色,后因淤血呈紫红色,进而发生水肿及坏死。一般无全身症状。

(2)子宫脱:子宫套叠时,母牛常表现不安、努责、举尾等类似腹痛的症状,阴道检查可发现子宫角套叠于子宫腔、子宫颈或阴道内。子宫完全脱出时,从阴道脱出长椭圆形的袋状物,往往下垂到跗关节上方。脱出的子宫表面有鲜红色、散在的圆形隆突,时间较长时,脱出的子宫易发生淤血、水肿及糜烂。

[诊断]

根据临床症状即可诊断。确诊需进行物理检查,发现会阴、外阴、骨盆韧带、坐骨区非常松弛,是否有过助产损伤或阴道炎病史。

[预防]

加强饲养管理,供给平衡日粮,以满足母牛机体的营养需要;控制干奶期精料喂量,防止母牛肥胖;提高助产技术水平,减少或防止助产不当所引起的产道损伤；严禁饲喂发霉变质饲料；卵巢囊肿容易继发阴道脱出，所以应对病牛仔细诊断，并对原发性疾病进行相应治疗。

[治疗]

（1）阴道脱出：具体措施是整复与固定。将牛以前低后高姿势站立保定，用0.05%～0.1%新洁尔灭或0.1%高锰酸钾液充分清洗，再用2%明矾液冲洗，使其收缩；并用消毒针头刺扎脱出黏膜、淤血、水肿部位，使组织渗出液流出，对破损处缝合后整复，同时用土霉素粉5～10克或金霉素粉5克，均匀撒在被整复好的脱出物上，并轻柔。然后，助手用消毒纱布将阴道托起与阴门等高，术者用两手手掌从靠近阴门部分开始，逐渐将阴道向阴门内推送；或用拳头抵住脱出阴道末端，压迫子宫颈，将阴道向内推送，彻底将阴道复原。最后采用圆枕缝合，或袋口缝合，或双内翻缝合，或阴道壁腹直肌缝合固定。

（2）子宫脱出：治疗方法是整复法。

具体步骤：①麻醉。在1～2尾椎或荐尾间隙注入2%～3%普鲁卡因10～15毫升，以减轻其努责。②站立保定。呈前低后高的姿势。③清洗消毒。用0.1%高锰酸钾液，或0.05%新洁尔灭等消毒液冲洗，以彻底清除异物及坏死组织。伤口大者，应缝合。再用2%明矾液冲洗或浸泡，以缓解水肿。然后，助手用大毛巾或塑料布将子宫托至与阴门同高，术者用纱布包住拳头，顶住子宫角的末端，趁母牛不努责时，小心向阴道内推送；也可以从子宫基部开始，用两手从阴门两侧一部分一部分地向阴道内推送，在换手时，助手应压住已经推进的部分；当子宫已送入阴道后，必须用手将它推到腹腔，使之复位。④整复后的措施：为消除子宫炎症，可用土霉素粉3～5克，溶于100～150毫升灭菌生理盐水中，注入子宫内。同时，对阴门采用圆枕缝合,或袋口缝合。为促使子宫收缩复位,可用催产素40~50国际单位或麦角新碱5~15毫克,一次肌肉注射。对食欲不振,努责不安,体温升高的病牛,可用5%葡萄糖生理盐水1 000~1 500毫升,10%-25%葡萄糖液500~1 000毫升,10%葡萄糖酸钙500~1 000毫升,一次静脉注射。同时用青霉素250万~300万国际单位,一次肌肉注射,每天3次,连用3~5天。

（四）胎衣不下

胎衣不下是指母牛分娩后经过12小时后胎衣仍未排出,也叫胎衣滞留。

[病因]

母牛妊娠期间供给饲料单纯,品质差,缺乏维生素和微量元素,机体消瘦,或过肥以及运动不足等使子宫弛缓;常见胎儿过大、双胎及胎水过多,流产、早产、难产及子宫扭转时,使子宫过度扩张,继发产后子宫阵缩微弱;或母牛在妊娠期子宫感染各种病原体,如布氏杆菌、生殖道支原体、胎儿弯杆菌、滴虫、霉菌、弓形体和病毒等,发生轻度子宫内膜炎及胎盘炎,使胎盘发生粘连。

[症状]

根据胎衣在子宫内滞留的多少,临床上可分为全部胎衣不下和部分胎衣不下。

（1）胎衣部分不下时,大部分悬挂在阴门外,少部分滞留在子宫内。通常,胎衣不下对奶牛全身影响不大,食欲、精神、体温正常。仅有个别病牛,由于胎衣污染容易发生腐败,恶露滞留,细菌生长繁殖,毒素吸收,母牛发生自体中毒,表现体温升高,精神沉郁,食欲不振或废绝,产奶量下降。

（2）胎衣全部不下时,整个胎衣滞留于子宫内,外观仅有少量胎膜悬垂于阴门外,或看不到胎衣。母牛表现努责、弓腰动作,时间长久阴门有腐败液体流出,有不同的全身症状,有的可继发乳房炎。

奶牛胎衣不下一般预后良好,多经1个月左右胎衣腐败分解而自行排尽,但常因此引起子宫内膜炎、子宫蓄脓等,影响以后再受孕,所以应及时采取措施,促使胎衣排出。

[诊断]

根据排出胎衣是否完整、恶露是否排净等,可作出诊断。

[预防]

产前要注意营养,防止缺乏矿物质,增加怀孕母牛的运动。此外,对经常发生胎衣不下的奶牛,对年老、高产和有过胎衣不下病史的奶牛,在分娩前3~5天,用25%葡萄糖液和20%葡萄糖酸钙各500毫升,一次静脉注射;或产前肌肉注射亚硒酸钠-维生素E注射液,一次50毫克;或提前30天补喂胡萝卜,每天2千克左右,可促使胎衣排出。产后2小时内,给母牛注射一次催产素,用量50国际单位。

近年来有人试验,当母牛分娩时先接3~5千克羊水,待分娩后给母牛饮用,因羊水中含有催产素,可使子宫收缩加强,利于胎衣排出。

[治疗]

(1)全身疗法:用20%葡萄糖酸钙与25%葡萄糖液各500毫升,一次静脉注射,每天1次。同时用垂体后叶素100国际单位,或麦角新碱20毫升,一次肌肉注射。

(2)子宫内灌药法:用10%高渗盐水1 000~1 500毫升,一次灌入子宫内,一般灌药后3~5天胎衣排出;或用16%露它净1支(4毫升)加蒸馏水96毫升灌入子宫内,对防止子宫内膜炎有良好疗效。

(3)中药疗法:黄芪30克,党参30克,当归30克,益母草25克,川芎25克,茯苓25克,黄芩30克,柴胡25克,郁金20克,桃仁15克,甘草20克,共研末开水冲,候温灌服,每天1剂,连用2剂。

(4)产后3~4天胎衣仍未排出(全部不下),可进行胎衣剥离,但需注意母牛体温在40℃以下才可剥离。术者左手握住露出阴门外的胎衣,并稍用力加以扭转、拉紧,右手沿胎膜与阴道襞之间伸入子宫,找到并小心逐渐分离胎盘,取出胎衣(在此过程中千万注意术者自身的防护)。术后向子宫内投入土霉素粉等。

(五)子宫内膜炎

子宫内膜炎是由于病原微生物侵入子宫黏膜而引起的黏液性或化脓性炎症,为产后或流产后最常见的一种生殖器官疾病。如不及时治疗,可能导致长期不孕。

[病因]

病原微生物感染是引起子宫内膜炎的主要原因。如产房卫生差,垫料污染严重;临产母牛外阴、尾根部污染粪便而未彻底清洗消毒;助产或剥离胎衣时,术者的手臂、器械消毒不严;胎衣不下腐败分解,恶露停滞等,均可引起子宫内膜炎。母牛患有布氏杆菌病、结核病、牛病毒性腹泻、牛传染性鼻气管炎、创伤性心包炎或隐性子宫内膜炎等,也常伴有子宫内膜炎的发生。

[症状]

通常在产后1周内发病,并伴有体温升高,脉搏、呼吸加快,精神沉郁,食欲减退,反刍减少等全身症状。病牛拱腰,举尾,有时努责,不时地从阴道排出大量污红色或棕黄色黏性或脓性分泌物,有腥臭味,内含有絮状物或胎衣碎片。阴道检查时,可见子宫颈、阴道部潮红、肿胀,外口微开张,有时可见分泌物从外口流出。直肠检查时,触摸子宫角比正常产后期的大,襞厚,子宫收缩反应减弱。

[诊断]

根据病牛全身症状,恶露,直肠检查结果等,进行综合诊断。

[预防]

加强围产期母牛的饲养管理,如产前营养水平不宜过高,要看母牛膘情供给日粮,特别要注意矿物质、维生素及微量元素的供应充足。搞好环境卫生,防止感染。助产或剥离胎衣时,注意手臂和器械的严格消毒。认真确定助产的方法和措施,操作要细致、规范,防止产道损伤和感染。

[治疗]

治疗原则是排出子宫内渗出物,常用0.1%高锰酸钾溶液,0.02%呋喃西林液,0.02%新洁尔灭液,生理盐水等冲洗子宫,以排出子宫腔内的炎性渗出物。在充分排出冲洗液后,向子宫内投入抗生素,如磺胺类、呋喃西林或鱼石脂溶液,以消除炎症。当子宫颈口已收缩,冲洗管不易通过时,应注射雌激素促使子宫颈松软,开口和加强收缩。对全身症状严重的病牛,不宜冲洗子宫,可在子宫内投入抗生素后配合全身治疗,如静脉注射抗生素。

中药治疗,配方是:续断30克,益母草60克,当归60克,白术25克,茯苓30克,川芎20克,熟地30克,山药25克,制附子30克,益智仁25克,木通25克,茴香30克,炮姜10克,破故子20克,葫芦巴20克,五味子10克,炙黄芪10克,食盐15克,分两次服,每天1次。

(六)乳房炎

本病指病原微生物进入乳腺组织内所引起的一种炎症。其特征是乳中体细胞增多及乳腺组织发生病理变化。本病为奶牛较常见的疾病之一,也是对奶牛生产危害性最大的一种疾病。

[病因]

(1)病原微生物:主要包括无乳链球菌、停乳链球菌、金黄色葡萄球菌、大肠杆菌、乳房链球菌和化脓性棒状杆菌等,它们主要通过挤奶员的手、洗乳房的毛巾、挤奶杯和粪便、褥草、污水、泥土及蝇类等进行感染。

（2）环境因素：牛舍及运动场不卫生，不消毒，褥草不勤换，排水不畅，污水积聚，运动场泥泞。不严格执行挤奶操作规程，人工挤奶时不洗手；洗乳房水不勤换；毛巾共用，不消毒；不进行乳头药浴。机器挤奶时乳杯不清洗、不消毒或处理不彻底。

（3）奶牛体况：当牛体抵抗力降低时，奶中免疫球蛋白也相应下降，易感性增强；乳房过于下垂、过大，牛蹄踩伤，或受外力作用而引起乳房或乳头刺伤、刀伤、撕裂和挫伤等。

（4）继发于其他疾病，如牛痘、口蹄疫等。

［症状］

（1）临床型乳房炎：急性性病牛，乳房局部红、肿、热、痛，乳房上淋巴结肿大；不能排出乳汁或仅能排出少量乳汁，乳汁稀薄或内含乳凝块、絮状物、血液等；炎症较重时，体温升高，食欲减退或不食，反刍减少或停止。慢性性病牛，乳腺增生变硬，弹性降低，挤出水样奶，乳汁颜色变黄或混有乳凝块，产奶停止。一般全身症状轻微。

（2）隐性乳房炎：又称亚临床型乳房炎。其特征是乳房和乳汁无肉眼可见异常，只是乳汁发生了变化，如酸碱度值7.0（正常为6.4～6.8）以上，偏碱性；乳内有乳块、絮状物、纤维；氯化钠含量增高，体细胞数在30万个/毫升以上。

［诊断］

临床型乳房炎的诊断，以乳房及乳汁的临床检查，如乳房质地、对称性、挤奶难易情况、乳汁性状，乳房红、肿、热、痛，病牛全身症状等，进行综合诊断。隐性乳房炎的诊断，因不表现其临床症状，所以只能依靠物理和实验室检验、体细胞测定，以及微生物检查等进一步确诊。

[预防]

(1)加强管理,减少乳房感染。如建立稳定、训练有素的挤奶队伍,搞好环境卫生;阻止细菌繁殖;创造优良环境,减少应激因素;加强挤奶卫生,严格执行挤奶操作规程。

(2)坚持乳头药浴。药浴能有效地抑制病原菌在乳头口的生长繁殖,对残留在乳头上的病原菌有杀灭作用,能防止乳头外伤所引起的感染,并能促进伤口的愈合过程,所以坚持乳头药浴,临床效果十分明显。在奶牛每次挤完奶后应将乳头浸蘸1分钟。

(3)干奶期封闭乳头。在干奶期预防乳房炎的发生极为重要。其方法:从奶牛干奶开始,挤完最后一次奶,并将乳房内的奶全部挤净,然后用乳头管针给每个乳房注射10毫升干乳灵1支,再用金霉素或青霉素软膏对准乳头孔挤进即可。

(4)及时治疗和淘汰病牛。加强对乳房炎病牛的治疗,对病情严重而疗效不明显的病牛,低产而又呈慢性乳房炎的病牛,应及时淘汰。

[治疗]

(1)乳房内注入药物:常用药物有青霉素、链霉素、四环素、氯霉素、红霉素、新霉素、庆大霉素及磺胺类等药物,按常规方法将药液稀释成一定容量,通过乳头管注入乳池。一般两种药物联合使用,可达到抗菌谱广,杀菌力强,降低或避免病原菌的抗药性。如临床上常以链霉素与新霉素合用,氯霉素与红霉素合用。具体方法:先将患病乳房的乳汁及炎性渗出物挤净,用5%碘酒消毒乳头,用消毒好的乳头管针插入乳头,将准备好的药液缓慢注入,然后由下向上按摩乳房,使药液均匀扩散到乳腺导管进入腺泡内。

(2)肌肉或静脉注射抗生素:主要用于全身症状明显的病牛。

用青霉素350万国际单位，链霉素50万国际单位，一次肌肉注射，每天2次，连用3~5天；或四环素每千克体重5~10毫克，分2次静脉注射，严重病例可加2~3倍。根据病情，可用10%~25%葡萄糖液500~1 000毫升，5%碳酸氢钠液500~1 000毫升，10%~20%葡萄糖酸钙500~1 000毫升，一次静脉注射，每天1次，连用3天。

（3）封闭疗法：用长10厘米以上的针头，在乳房基底部注入0.25%普鲁卡因青霉素液20~30毫升。

（4）中药治疗：瓜蒌60克，牛蒡子、花粉、连翘、金银花各30克，黄芩、陈皮、生栀子、皂角刺、柴胡各25克，生甘草、青皮各15克，共研末，开水冲，温后一次灌服。

（七）奶牛不孕症

奶牛不孕症是指成年母牛不发情或发情不明显，或发情后经多次配种而未受孕的病症。由于母牛不能正常繁殖，产犊间隔延长，有的奶牛因长期不孕而导致生产能力丧失被淘汰，从而给养牛户造成重大经济损失。临床常见的有卵巢机能减退及萎缩、卵巢囊肿和持久黄体。

1. 卵巢机能减退及萎缩

卵巢机能减退是指卵巢受到各种应激而使机能发生紊乱，卵巢处于静止状态，不出现周期性变化，如机能长期衰退，则导致卵巢组织萎缩和硬化。

［病因］

主要由于饲料数量不足，维生素不足或缺乏，矿物质不足或缺乏，特别是维生素A、维生素D、维生素E缺乏；或饲料品质低劣，母牛营养不良、消瘦；运动不足、哺乳期过长、挤奶过度；或营养过剩而过度肥胖。也有其他应激的作用的因素，如突然变换饲料和饲养环境；炎热夏天的高温；光照不足，气候潮湿等都可引起排卵受阻。

另外,继发于其他疾病,如消化道疾病、营养代谢性疾病、传染病、寄生虫病等都可引起卵巢机能不全而发生排卵障碍。

[症状]

主要表现为发情周期延长或者长期不发情,发情的临床表现不明显,或者出现发情,但不排卵。直肠检查时,卵巢的形状和长度没有明显变化,也摸不到卵泡或黄体。卵巢萎缩时,母牛不发情。直肠检查发现卵巢变小变硬,既无卵泡也无黄体,子宫也往往缩小。

[预防]

加强饲养管理,增强和恢复卵巢机能。如供应平衡日粮,尤其是维生素A、维生素D、维生素E必须充足;保证饲料质量,充分供应优质干草和多汁饲料,并控制过肥奶牛精料的饲喂量。另外,加强运动,增强体质;严禁过度哺乳,保持饲料定时定量;及时清除舍内和运动场粪便;做好防暑降温、防寒保暖工作。

[治疗]

选用促卵泡素200~400国际单位肌肉注射,或孕马血清促性腺激素1 500~2 000国际单位,一次肌注,配合按摩子宫、卵巢;或用激光照射阴唇、阴蒂。同时,灌服中药,配方是:黄芩30克,黄芪30克,党参30克,当归30克,淫羊藿30克,菟丝子30克,川芎25克,阳起石30克,麦冬25克,陈皮30克,厚朴25克,木香25克,甘草15克,每天1剂,连用2~3剂。

2.卵巢囊肿

卵巢囊肿可分为卵泡囊肿和黄体囊肿,其中卵泡囊肿是指未排卵的卵泡上皮变性,卵泡壁结缔组织增生,卵细胞死亡,卵泡液未吸收的增大卵泡。黄体囊肿是指卵泡正常排卵后,由于某些原因,使黄体不足,在黄体内形成空腔,腔内积有大量液体而形成的一种异常状态。

[病因]

引起卵巢囊肿的主要原因是当垂体前叶分泌的促黄体素不足，排卵机能受阻；或大剂量使用雌激素和孕马血清制剂，导致卵泡滞留；或生殖系统发生疾病，如卵巢炎、胎衣不下、子宫内膜炎等；或饲料营养缺乏；或蛋白质过高，能量不足；或母牛过肥，运动不足等。

[症状]

卵泡囊肿：主要表现为发情明显而频繁，如发情期短，发情期延长；阴门浮肿、松弛、增大；子宫颈口开张而松弛；排出多量灰白色、不透明黏液。大多数病牛表现有慕雄狂症状。患牛常追逐和爬跨其他母牛，目光怒视，焦急不安，刨地，大声哞叫，颈部肌肉发达肥厚很像公牛，食欲减退，产奶量下降。患牛由于荐坐韧带松弛，尾根翘起，在尾根与坐骨结节之间形成明显凹陷。直肠检查，子宫增大、壁厚而柔软；一侧或两侧卵巢上有大小不等，直径3~5厘米的囊肿卵泡突出于卵巢表面，且壁薄，有弹性。

黄体囊肿：主要表现为不发情。其囊肿多为一个，且壁厚而内软，血中孕酮水平极度升高。

[诊断]

根据临床症状即可诊断。为了对卵泡囊肿和黄体囊肿进行鉴别，需要测定牛奶和血液中的孕酮含量。

[预防]

饲料供给要多样化，特别应注意矿物质、维生素和微量元素含量要充足，加强母牛运动；母牛产后30天应进行直肠检查，触摸子宫及卵巢的变化，如有异常，应及时治疗，防止病情延误；给母牛人工授精时，要严格执行操作规程，提高受胎率；为提高子宫和卵巢机能,增强子宫收缩,促进恶露排出,预防子宫内膜炎的发生,在母牛产犊后的13~15天,肌肉注射促性腺激素释放激素1 000国际单位,使促黄体激素浓度升高,促进卵泡成熟和排卵。另外,对患有卵巢囊肿病史的母牛所产的犊牛应少留或不留,以降低遗传因素的影响。

　　[治疗]

　　对卵泡囊肿,用人绒毛膜促性腺激素1 000~5 000国际单位,一次肌肉或静脉注射,一般注射后3天症状逐渐消失,7天囊肿吸收或消失;或用促黄体素200~400国际单位,一次肌肉注射,连用1~3天。如配合黄体酮100毫克,肌肉注射,效果更好。一般注射后3~6天囊肿可形成黄体。同时灌服中药,配方是:三棱、莪术、藿香、香附各30克,青皮、陈皮、桔梗、益智仁各25克,肉桂15克,甘草10克,每天1剂,连服2~3剂。

　　对黄体囊肿,用前列腺素$F_{2\alpha}$($PGF_{2\alpha}$)5~10毫克,一次肌肉注射,目的是促使快速发情;或用氯前列腺醇0.5~1.0毫克,一次肌肉注射,必要时可隔7~10天再注射一次。

　　3. 持久黄体

　　持久黄体是指母牛在发情或分娩之后,发情周期黄体或妊娠黄体长期存在而不消失,也称永久黄体。其临床特征是性周期停止,母牛常不发情。

　　[病因]

　　一是饲养管理不当。如饲料单纯,品质低劣,母牛营养不足,特别是矿物质、维生素A、维生素D、维生素E不足或缺乏。二是子宫或全身疾病。如慢性子宫炎、子宫积脓或积液、胎衣不下、死胎或子宫肿瘤等,均能使黄体吸收受阻,而形成持久黄体。另外,感染结核病、布鲁氏菌病等也可促使本病发生。三是为追求产奶量,过量饲喂精料。如在奶牛产犊后,由于大量饲喂精料,致使产奶量提高,但由于营养消耗严重,血液中促乳素水平增高,不仅推迟母牛发情,而且也易导致本病发生。

[症状]

本病临床主要症状是母牛性周期停止,长期不发情。直肠检查可发现一侧或两侧卵巢增大,黄体突出于卵巢表面,质地较硬。触摸子宫无收缩反应,子宫角较粗或有积脓、积水现象,子宫沉入腹腔内。

[诊断]

根据母牛到了发情时间而不发情,可作出初步诊断。直肠检查时,由于妊娠黄体与周期黄体表现相同,所以只做一次检查不能确诊,需间隔5~7天再检查一次,连续2~3次。如黄体大小、位置、形态和质地均无变化,子宫内不见妊娠,即可确诊。

[预防]

加强对产后母牛的饲养,尽快消除泌乳高峰期的能量负平衡,因能量负平衡可能降低黄体功能,使黄体酮水平降低,引起奶牛出现持久黄体。因此,在此期应供给品质好的饲料和好的优质干草,以促进食欲,提高采食量;严禁饲喂过多的精料。同时应对产后母牛的常见病,如酮病、产后瘫痪等及时治疗。

[治疗]

在加强饲养管理的基础上,选用前列腺素30毫克,一次肌肉注射;或氯前列腺醇500微克,一次肌肉注射;或雌二醇4~10毫克,一次肌肉注射。

八、奶牛常见营养代谢病与中毒性疾病的防治

(一)维生素A缺乏症

本病是由于饲料中维生素A及维生素A原（胡萝卜素）不足或缺乏所引起的疾病。临床上以夜盲、干眼、瘦弱、腹泻、水肿、惊厥和繁殖障碍为特征。

[病因]

长期饲喂品质低劣的饲草或含胡萝卜素低的饲料，如亚麻籽、米糠、麸皮、麦秸及劣质干草；或由于饲料存贮不当，如暴晒、酸败或氧化等，导致胡萝卜素被破坏；奶牛患有慢性肝脏疾病和慢性肠道疾病，如胃肠炎、肝片形吸虫病等，均可引起继发性维生素A缺乏症。犊牛患本病，主要是由于母体在妊娠期缺乏维生素A，或出生后未能哺喂初乳或断奶过早所致。

[症状]

（1）一般症状：患牛食欲减退，异嗜癖，消瘦，贫血，皮肤干燥，被毛粗乱，皮肤上常积有麸皮样脱落皮屑。

（2）神经症状：运动障碍，步态不稳，体重减轻，营养不良，生长缓慢。常伴发角膜炎、霉菌性皮炎、肠胃炎、支气管肺炎。

（3）干眼病或夜盲：病初呈夜盲症，在月光或微光下看不见障碍物，以后则出现角膜干燥，羞明流泪，角膜肥厚、浑浊。

（4）繁殖障碍：母牛受胎率降低（不孕），易发生流产、早产、死胎，或产出瞎牛、裂唇等先天畸形犊牛，产后常有胎衣不下现象，初生犊牛生活力差。公牛精子畸形和活力差，受胎率降低。

[诊断]

根据青绿饲料供应不足，饲料品质不佳，发病情况及群体中出现失明、神经症状和流产等表现，结合眼底检查等特征变化，可作出初步诊断。确诊必须进行实验室检查，做血清胡萝卜素和维生素A的测定，如健康奶牛血液中维生素A含量为60国际单位/毫升，肝脏活组织维生素A含量为10~50微克/克，当测定的含量低于上述值,即可确诊。

[预防]

合理配合日粮,妥善保存饲料,保证饲料中含足够的胡萝卜素;注意肝脏疾病和胃肠疾病的预防和治疗;妊娠母牛要适当运动,多晒太阳。

[治疗]

(1)对牛群发生维生素A缺乏症时,全场立即调整饲料,多喂富含胡萝卜素的优质饲料,如新鲜青草、优质干草或维生素A强化剂。

(2)对病牛口服鱼肝油,成年牛50~100毫升,犊牛20~50毫升,每天1次,连用数天;或用维生素A注射液肌肉注射,用量为5万~7万国际单位,每天1次,连用5~10天。

(3)对并发感染而体温升高、生殖道感染、腹泻及眼部患病的牛,用抗生素或磺胺类药物对症治疗。

(二)佝偻病

本病又称维生素D缺乏症,是犊牛钙磷代谢障碍性疾病。临床上以消化紊乱、异嗜、跛行和骨骼变形为主要特征。

[病因]

(1)孕牛体内维生素D、钙磷不足,影响胎儿发育,使骨骼变形,发生先天性佝偻病。

(2)早期喂给人工乳或早期断乳,使维生素D、钙、磷缺乏。

(3)饲料中维生素D、钙、磷不足或比例失衡。

(4)牛舍阴暗潮湿或缺少光照和运动,多发于冬季和初春。

(5)胃肠疾病长期不愈,妨碍维生素D和钙磷的吸收。

(6)受体内寄生虫,特别是蛔虫和片形吸虫的干扰。

(7)内分泌腺功能紊乱。

[症状]

（1）先天性佝偻病：犊牛在出生后数天不能起立，严重者两前肢趴开。身体软弱、弓背，站立时四肢弯曲。两侧下颌骨、腕关节和飞节大小不一致，或不对称。

（2）后天性佝偻病：病犊食欲减退，胃肠机能紊乱，精神沉郁，喜卧，行动迟缓，逐渐消瘦，被毛逆立，局部脱毛，生长停滞。发生异嗜，舔食墙土、饲槽、煤渣、砖头及粪尿等。肢体软弱无力，站立时四肢频频交换负重。骨骼变形，关节肿大，骨端粗厚。肋骨扁平，胸廓狭窄，脊柱弯曲，肋骨与肋软骨结合部呈串珠状肿胀。头骨肿大。四肢弯曲，呈内弧（O状）或外弧（X状）姿势。一般病犊体温、脉搏、呼吸无变化。

［诊断］

（1）根据病史、饲养管理情况和饲料中钙磷分析及临床症状，可作出初步诊断。如果有骨骼变形，则为诊断提供了较充分的依据。

（2）在病初骨骼变形不明显时，则应借助X线检查进行确诊。

［预防］

加强对妊娠母牛和哺乳母牛的饲养，经常补充维生素D和钙；犊牛要经常运动，多晒太阳，给予良好的优质青干草；及时治疗肠胃疾病及驱杀体内寄生虫，以预防佝偻病的发生。

［治疗］

（1）发病后，要改善饲养管理，供给骨粉和富含维生素D的饲料，适当运动，多晒太阳。

（2）药物治疗，主要是补足维生素D和钙质。可内服鱼肝油10～15毫克，每天1次，发生腹泻时停止服用；骨化醇液40万～80万国际单位肌肉注射，每周1次；维生素D_2胶性钙液1～4毫升皮下或肌肉注射，每天1次；乳酸钙5～10毫克内服，每天1次；10%氯化钙溶液

5~10毫升或10%葡萄糖酸钙溶液10~20毫升,静脉注射,每天1次。

(三)奶牛酮病

本病又叫"奶牛醋酮血病",是由于饲料中糖和产糖物质不足,导致脂肪代谢紊乱,血液中酮体含量升高的泌乳母牛的一种代谢性疾病。临床特征是血酮升高、消化机能紊乱、产奶量下降,间或有神经症状。

[病因]

(1)醋酮血病:因按正常饲养方式饲喂,日粮中的蛋白质和能量过高,优质粗饲料严重不足,导致日粮营养不平衡,使机体的消化代谢机能紊乱而引起。也就是说,机体不能食入充足的碳水化合物来转变为葡萄糖导致醋酮血病。

(2)饥饿性酮病:由于饲料供给过少,饲料品质低劣、饲料单纯,致使母牛必需营养物质缺乏,引发饥饿性酮病。

(3)继发性酮病:主要继发于瘤胃弛缓、创伤性网胃炎、产后瘫痪、子宫内膜炎、真胃变位等其他产后疾病。因患上述疾病,母牛食欲减退或废绝,不能食入足够的食物,从而得不到必需的营养物质导致继发性酮病。

(4)生酮性酮病:因供给含丁酸多的青贮饲料,经瘤胃襞或瓣胃襞吸收后引发酮病。

一般常发生在母牛产犊后20天内,最迟不超过6周。

[症状]

(1)消化型:病牛食欲减退或废绝,通常厌食精料和青贮,只喜次采食少量干草,也喜欢喝一些污水、尿,舐食污物或泥土,进而病牛腹围收缩、瘤胃弛缓、粪便干硬、明显消瘦,产奶量下降。此型临床多见。

(2)神经型:病牛突然出现磨牙、狂躁、兴奋、步态不稳、眼球震颤、咬肌痉挛、哞叫、冲撞、转圈运动等神经症状。个别病牛皮肤有瘙痒现象。

(3)产后瘫痪型：病牛兴奋不久转为抑制，卧地不起，头弯向颈部一侧，呈昏迷状态。病牛呼出的气体与皮肤（颈、肩胛、后肢内侧）散放出特殊的烂苹果味，产出的奶也有醋酮味。体温一般正常或偏低。心跳每分钟在100次以上，呼吸浅表。

(4)继发性型：主要继发于瘤胃弛缓、创伤性网胃炎、产后瘫痪、子宫内膜炎、真胃变位等疾病。

[诊断]

根据奶牛的饲喂情况，产后发病时间（多发生于产后3~6周），厌食，产奶量下降，呼出气有烂苹果味，可初步诊断。确诊应进行血酮、尿酮、血糖等检测。

[预防]

关键是实行科学的饲养管理，合理调配日粮，特别是对高产奶牛，要供给足够的优质粗饲料，如甜菜、胡萝卜、优质青草或干草等。药物预防时，应从母牛产犊前40天开始，每天在日粮中添加丙酸钠100克，或甘油350克，一直喂到产犊时停止。

[治疗]

(1)补糖：可用25%葡萄糖液500~1 000毫升，一次静脉注射，每天2次，连用3天。对严重昏迷病牛，同时肌肉注射胰岛素100~200单位；或用5%葡萄糖盐水500毫升，加氢化可的松500毫克，混合后一次静脉注射，然后再输入5%碳酸氢钠500~1 000毫升，每天1次，连用3天。

(2)补充生糖物质：常用丙二醇或丙酸钠，剂量都是125~250克，口服，每天2次，连用2天；或拌入饲料中，连喂7~10天。

(3)对兴奋不安病牛，可用水合氯醛30克，白砂糖200克，加水1

千克, 一次灌服; 或肌肉注射2%静松灵2~3毫升。

(4) 对伴发前胃弛缓病牛, 还可用面包酵母100克, 95%酒精50毫升, 红糖200克, 加水1 000毫升, 一次灌服。不仅可治疗酮病, 而且对前胃弛缓也有效。

(四) 瘤胃酸中毒

本病是由于奶牛采食过量的精料或长期饲喂大量酸度过高的青贮饲料, 于瘤胃内产生大量乳酸而引起的一种全身性代谢病。临床特征是急性消化不良、严重脱水、胃肠道广泛出血和高乳酸血症。

[病因]

(1) 在日常的饲养管理中, 饲喂精料过多, 精粗料比例失调, 不遵守饲养制度, 突然变换饲料。

(2) 在围产期间精料量不加以限制饲喂, 添料不均, 或偏饲高产奶牛。

(3) 饲喂青贮饲料酸度过大, 引起乳酸产生过多, 导致瘤胃内酸碱度值迅速降低, 结果造成瘤胃内微生物群落数量减少、纤毛虫活力降低, 引起严重的消化紊乱, 使瘤胃内容物异常发酵, 导致酸中毒。

[症状]

表现为发病急, 病程短。一般在过食后8~12小时发病, 最急性病例, 在采食后3~5小时即突然发病死亡。

较轻的病例, 只表现精神沉郁, 结膜充血, 完全不吃, 反刍停止, 磨牙空嚼, 流涎。瘤胃胀大, 蠕动消失, 用手触摸或冲击有波动感和震水音。粪便稀软或呈水样, 粪色变淡而有恶臭。脉搏加快, 一般每分钟可达80~140次, 呼吸可达60~80次, 体温正常或偏低, 个别病例可升高至41℃以上。病畜很快脱水, 皮肤干燥, 眼窝凹陷, 排尿减少或无尿。

严重病例,表现为兴奋不安,或攻击人畜,视觉障碍,行走左右摇摆,姿势异常。随着病情发展,出现意识不清,各种反射减弱或消失。以后后躯麻痹,卧地不起,眼球震颤,昏迷而死。

〔诊断〕

根据病牛突然采食大量含糖丰富的谷物饲料,或长期过量饲喂块根类饲料等,以及反刍停止,瘤胃胀大,蠕动消失,体温正常或偏低,皮肤干燥,眼窝凹陷等临床症状,即可诊断。确诊可进行实验室检查,如血液中乳酸含量增高,血浆二氧化碳结合力下降,即可确诊。

〔预防〕

加强奶牛饲养管理,合理供应日粮,严格控制谷物精料和青贮的饲喂量,保证有充足的优质干草的进食量,防止偷吃精料。

〔治疗〕

(1)对轻症病例,用5%碳酸氢钠溶液1 000~2 000毫升,一次静脉注射。以后根据治疗效果,决定注射第2次或第3次。

(2)对脱水病牛,应及时补液,用5%葡萄糖生理盐水1 000~2 000毫升,一次静脉注射。

(3)对严重病例应进行洗胃,将内径25~30毫米胃管插入瘤胃内,首先虹吸吸出胃内稀薄内容物,然后用1%碳酸氢钠或1%盐水或用自来水反复冲洗10~15次,直至洗出液清亮无酸臭味为止,或使胃液呈中性或碱性反应为止;或施行瘤胃切开手术,切开后,先将胃内容物排除,再用10%碳酸氢钠液冲洗,然后用干草或健康牛的新鲜瘤胃内容物,填入瘤胃内(一般为原量的1/2),以后每天灌服10%碳酸氢钠液2 000~3 000毫升,连续3天。

(五)犊牛白肌病

本病是由于饲料中硒和维生素E缺乏所引起的一种疾病。以骨骼肌和心肌发生变性、坏死为特征。

[病因]

(1)主要由于牛只长期采食缺硒地区的饲草料，或长期饲喂含维生素E低的干草，或长期放牧于干旱的枯草牧地所致。1~3月龄的犊牛多发，常呈地区性发生。

(2)采食丰盛的豆科植物（如苜蓿、豌豆苗等）和裸麦，或在新施过含硫肥料的牧地放牧，也会导致发病。

(3)含硫氨基酸（胱氨酸、蛋氨酸）缺乏，多种应激因素的刺激，如营养不良、气候突变和强迫性运动等，也可诱发白肌病。

[症状]

按病程可分为以下三种类型。

(1)最急性型：不表现任何症状，往往在驱赶、奔跑、蹦跳过程中突然死亡。

(2)急性型：病牛精神沉郁，可视黏膜黄染，食欲大减，肠音弱、腹泻，粪中混有血液和黏液，体温多不升高。背腰发硬，步样强拘，后躯摇晃。后期常卧地不起，臀部肿胀，触之硬固，呼吸加快，脉搏增数（可达120次/分以上），常出现心律失常。

(3)慢性型：病牛运动迟缓，步样不稳，喜卧。精神沉郁，食欲减退，有异嗜现象，被毛粗乱，缺乏光泽。黏膜黄白，腹泻多尿，脉搏增数，呼吸加快。

[诊断]

根据缺硒地区调查，典型症状为步样强拘，卧地，心率加快，以及病理变化，如骨骼肌的对称性病变和心肌损害，肌肉呈煮肉色或白色等综合分析可以诊断。确诊可进行实验室检查，如血清肌酸激酶活性升高。

［预防］

加强妊娠母牛和犊牛的日常饲养管理，冬季多喂优质干草，增喂麸皮和麦芽等；对采食低硒饲料的妊娠母牛，在产前2个月，在日粮中添加亚硒酸钠0.1～0.2毫克/千克饲料和维生素E 500～1 000毫克，每天饲喂，或在产前20天，给母牛肌肉注射亚硒酸钠50毫克和维生素E 600国际单位；在白肌病流行地区，入冬后对妊娠母牛每周肌肉注射维生素E 200～250毫克，每20天肌肉注射0.1%亚硒酸钠液10～15毫升，共注射3次。对缺硒地区的新生犊牛，用亚硒酸钠液3～5毫克、维生素E液50～150毫克，混合皮下注射，2周后再注射一次。

［治疗］

全身疗法：用亚硒酸钠液，每千克体重0.1～0.2毫克，一次肌肉注射；或每千克体重10毫克，灌服，间隔2～3天再灌服一次。也可用维生素E注射液50～70毫升肌肉注射，每日1次，连用数日。

对症疗法：当出现呼吸困难时，可肌肉注射氨茶碱；心力衰竭时，应用强心剂；并发肺炎或腹泻时，应用抗菌素。

（六）有机磷中毒

本病是由于接触、吸入或采食某种有机磷制剂而引起的奶牛急性中毒病。以流涎、腹泻、肌肉痉挛为特征。

［病因］

奶牛误食、误饮了喷洒有机磷农药不久的牧草、青菜、农作物和水，或在治疗奶牛体外寄生虫时，用有机磷类药物过量所致。有机磷农药常见的有甲拌磷（3911）、对硫磷（1605）、内吸磷（1059）、敌敌畏、乐果、杀螟松、敌百虫、马拉硫磷（4049）和乙硫磷（1240）等。

［症状］

一般在接触有机磷农药几分钟至几小时开始出现症状。大量流涎，口吐白沫；腹痛、腹泻，大小便失禁；呼吸困难，有明显啰音，可视黏膜发绀；骨骼肌痉挛性抽搐，继而麻痹；瞳孔缩小，视力减弱或失明；胸前、肘后、阴囊周围及会阴部出汗，甚至全身出汗。病牛最后可因呼吸障碍而窒息死亡。

［诊断］

（1）病牛有有机磷农药的接触史。如果病牛肠内容物，呼出气，呼吸道分泌物和皮肤上能闻到有机磷农药的特异大蒜味，有助于诊断。

（2）病牛如出现大量流涎，腹泻，肌肉痉挛性抽搐等有机磷中毒的特征性症状，可对本病作出诊断。若症状不明显，则应进入实验室检查。

（3）实验室检查：做血液胆碱酯酶活力测定，活性下降到50%以下可确定 。

［预防］

健全农药的保管使用制度，禁止在洒药不久的地方放牧或割草，防止牛摄入被农药污染的饲料和饮水。不滥用农药来杀灭牛体外寄生虫。

［治疗］

（1）用特效解毒药，如解磷定、氯磷定（对乐果中毒无效），均可按每千克体重15~30毫克，用葡萄糖生理盐水配成2.5%~5%溶液缓慢静脉注射，以后每隔2~3小时注射一次，剂量减半。根据症状缓解情况，适时停药。

（2）有效解毒药，如阿托品注射液，每千克体重0.25毫克，皮下或肌肉注射。对严重急性中毒牛，常采用特效药配合阿托品治疗。

（3）清除残留药物，经皮肤沾染中毒，可用5%石灰水，0.5%氢氧化钠或肥皂水洗刷皮肤；经消化道中毒的可用2%~3%的碳酸氢钠或食盐洗胃。但注意敌百虫遇碱性物质溶液可变成毒性更大的敌敌畏。

（4）对症治疗，给以葡萄糖、维生素C，病牛兴奋不安时，可注射苯巴比妥或安定。

（七）亚硝酸盐中毒

本病是由于奶牛采食亚硝酸盐含量较高的青饲料后而引起的中毒。临床上以病牛严重缺氧，可视黏膜发绀，血液呈酱油色为特征。

［病因］

各种青绿饲料，如甜菜、长白菜、萝卜叶、菠菜、芥菜、南瓜藤、甘薯藤、燕麦秆、玉米幼苗、多种野菜，以及未成熟的燕麦、小麦、大麦等，都含有硝酸盐。硝酸盐本身无毒或毒性很低，只有还原成亚硝酸盐后才对牛只有毒害作用。

［症状］

通常奶牛在采食后5小时左右突然发病。病牛表现流涎、呕吐、腹痛、腹泻，可视黏膜发绀，呼吸高度困难，心跳疾速，脉搏速而弱，精神沉郁，肌肉震颤，站立不稳，行走摇晃，体温正常或稍低，耳、鼻、四肢甚至全身发凉，严重时很快昏迷倒地，窒息而亡。

［诊断］

根据饲料性质，病牛发病急、呼吸困难、皮肤黏膜发绀、血液呈酱油色，胃内容物及血液的亚硝酸盐检查呈阳性，可作出诊断。

［预防］

青绿饲料要新鲜饲喂，一时喂不完应散开通气，不要堆积太厚；饲喂含亚硝酸盐的青绿饲料不要过量，同时应添加含糖类物质多的饲料；工业或建筑业用亚硝酸盐时，要妥善保管，防止牛误食。

[治疗]

用1%美蓝液(配制:1克美蓝,纯酒精10毫升,生理盐水90毫升),每千克体重0.1~0.2毫升,加25%葡萄糖500毫升,缓慢静脉注射,2小时后仍未见好转,可重复注射;或用5%甲苯胺蓝液,每千克体重5毫升,静脉注射;或用50%葡萄糖液300~500毫升,维生素C 5~10克,10%安钠咖20毫升,生理盐水1 000毫升,混合后一次静脉注射。同时使用油类或盐类泻剂使亚硝酸盐迅速排出。

(八) 氢氰酸中毒

本病是奶牛采食含氰苷配糖体的青饲料或误食氰化物所引起的中毒性疾病。

[病因]

主要由于奶牛采食了大量富含氰苷配糖体的青饲料,如高粱幼苗、玉米幼苗、木薯叶、亚麻叶和亚麻籽、豌豆、蚕豆、三叶草等,在胃内产生游离的氢氰酸而引起中毒;或应用中药治病时,杏仁、桃仁用量过大,也可致病。

[症状]

病牛站立不稳,呻吟苦闷,腹痛,流涎。呼吸极度困难,抬头伸颈,张口喘气,呼出气有苦杏仁味。可视黏膜鲜红;肌肉震颤,全身或局部出汗,体温正常或低下,精神沉郁,全身衰弱无力,卧地不起;眼结膜发红,瞳孔散大,眼球震颤。皮肤感觉减退,脉搏细数无力,全身抽搐,很快因窒息而死亡。全部过程不超过2小时,最快者3~5分钟死亡。

[诊断]

病牛有采食含氰植物或氰化物的病史,主要症状为缺氧。为了确诊,取饲料、血液、瘤胃内容物、肝脏和肌肉组织进行化学检验,瘤胃内容物氢氰酸含量在10微克/克,肝脏中含量在1.4微克/克以上时,可确诊为本病。

[预防]

禁用富含氰苷配糖体的青饲料喂牛。如果用亚麻籽饼做饲料时,必须彻底煮沸,且喂量不宜过多,同时搭配其他饲料。内服杏仁、桃仁等中药时,剂量不宜过大。

[治疗]

(1)发病后立即应用美蓝和硫代硫酸钠急救:先静脉注射1%美蓝溶液,每千克体重1毫升,随后静脉注射5%~10%硫代硫酸钠溶液,每千克体重1~2毫升。

(2)为防止胃内氢氰酸继续吸收,可用10%硫代硫酸钠30克,或用0.1%高锰酸钾,3%过氧化氢液洗胃。

附　录

附表1　奶牛常用疫（菌）苗

名称	预防的疾病	使用说明	免疫期
无毒炭疽芽孢苗（浓缩苗）	炭疽	每年6~7月份用炭疽菌苗接种（1岁以上牛皮下注射1毫升，1岁以下牛皮下注射0.5毫升），14天产生免疫力。对不满1个月的小牛、怀孕最后两个月的母牛，以及瘦弱、发热及其他病牛应暂缓注射	1年
布氏杆菌病活疫苗（S_2株）	牛布氏杆菌病	该苗毒力稳定，使用安全，免疫效果好，每1.5年免疫一次，口服5头份。需在布病血清学检测阴性时免疫	初次服苗1个月后再加强免疫一次
口蹄疫O-亚I型二价灭活疫苗	口蹄疫	对生产母牛在分娩前3个月每头肌肉注射3毫升。对出生后4~5个月的犊牛首免，每头肌肉注射2毫升。首免后6个月二免，每头2毫升，以后每间隔6个月免疫一次，肌肉注射3毫升	1年
破伤风抗毒素	破伤风病	在疫区定期注射，大牛1毫升，小牛0.5毫升	1年
牛肺疫兔化弱毒苗	牛肺疫	1岁内肌肉注射1毫升，1岁以上2毫升	1年
狂犬病疫苗	牛狂犬病	小牛皮下注射25毫升，大牛50毫升。紧急预防时，每隔3天注射一次，连注3次	6个月

注：本表仅供参考。

附表2　奶牛常用药物

药品名称	作用与用途	方法	用量
青霉素G钠	用于乳房炎、炭疽、肺炎、子宫炎、败血症、菌血症和创伤感染等	肌注或静注	每千克体重0.5万~1万国际单位,每天2次
硫酸链霉素	治疗呼吸道感染、消化道感染、尿道感染、乳房炎	肌肉注射	每千克体重8~10毫克,每天1~2次
头孢霉素	用于金黄色葡萄球菌、绿脓杆菌等引起的感染,如呼吸道、泌尿生殖道、胆道感染以及乳房炎、腹膜炎、败血症等	静注	每千克体重10~25毫克,每天3次
硫酸庆大霉素	大肠杆菌、金黄色葡萄球菌、氯脓菌引起的呼吸道、消化道、尿路及大面积烧伤感染和败血症等	肌注或静注	每千克体重1~1.5毫克,每天2次
硫酸卡那霉素	用于消化道、呼吸道、尿道感染,乳房炎、败血症等	肌肉注射	每千克体重6~12毫克,一次注射
氨苯磺胺(SN)	用于急性发热,如支气管炎、咽喉炎、肺炎、败血症等。外用治疗创伤感染	口服外用	开始量,每千克体重0.14克,一次灌服;维持量,每千克体重0.07克。外用撒布于患处
磺胺嘧啶钠注射液	细菌感染,用于脑炎、肺炎、巴氏杆菌病、腹膜炎、子宫炎、乳房炎。要与等量碳酸氢钠同用	肌注或静注	首次量,每千克体重140~200毫升。维持量,每千克体重70~100毫克。每天1次

续表

药品名称	作用与用途	方法	用量
长效磺胺（SMP）	抗菌作用与磺胺嘧啶大致相同。特点是排泄很慢。对各种细菌感染都有疗效	口服	开始量，每千克体重100毫克。维持量，每千克体重70毫克。一次内服
磺胺脒（SG）	主要治疗单胃动物和幼龄反刍动物的肠炎、下痢等	口服	每次100~300毫克，分2~3次口服
双黄连注射液	抗菌消炎、抗病毒作用显著，治疗流感、肺炎、腹泻、痢疾、无名热	肌肉注射	每次40~60毫升，每天2次
安乃近注射液	解热、镇痛、抗风湿，用于感冒发热、关节痛、风湿症和疝痛	肌肉注射	30%：每次10~20毫升，每天1~2次
静松灵	镇痛、镇静，适用于保定、外科手术的麻醉	肌肉注射	每千克体重0.2~0.6毫克
安痛定（复方安基比林注射液）	肌肉、关节、神经痛	肌肉注射	每次20~30毫升，每天1~2次
尼克刹米注射液（可拉明）	中枢兴奋及强心药。用于呼吸抑制或血管性虚脱及外伤手术后的休克	皮下或肌肉注射、静注	25%：一次10~20毫升
樟脑磺酸钠注射液	用于心脏衰弱、虚脱、呼吸困难	皮下或肌肉注射、静注	一次1~2克
安钠咖	治疗毒物中毒、呼吸困难、胃肠弛缓、急性心衰、久病虚弱（心动过快慎用）	肌注或静注	20%：一次10~20毫升
硫酸钠或硫酸镁	用于瘤胃积食、瓣胃阻塞、便秘等	口服	用于健胃：15~50克；用于导泻：300~800克。配成5%水溶液

续表

药品名称	作用与用途	方法	用量
液体石蜡（石蜡油）	用于瘤胃积食、瓣胃阻塞、便秘等	口服	一次500~1 000毫升
二甲基硅油或消胀片	用于瘤胃泡沫性臌气	口服	配成5%酒精溶液或煤油溶液,胃管投服,每次3~5克
次硝酸铋	保护胃肠黏膜,有收敛止泻作用,用于急性或慢性腹泻	口服	成年牛,一次20~30克;犊牛,一次2~6克
龙胆酊	味苦,健胃药,增加胃液分泌,刺激胃肠蠕动	口服	一次50~100毫升
干酵母	治疗消化不良	口服	成年牛,一次120~150克;犊牛,一次30~60克
乳酶生	治疗消化不良和拉稀	口服	成年牛,一次10~30克;犊牛,一次2~10克
番木鳖酊	用于消化不良,瘤胃弛缓	口服	一次10~30毫升,孕牛慎用
鱼石脂	用于瘤胃臌气	口服	一次10~20克,外用适量
人工盐	消化不良,便秘	口服	健胃30~50克,缓泻50~100克
维生素K_3注射液	用于大出血及毛细血管出血,产后出血等。也可用于手术预防出血	肌肉注射	0.4%:一次25~100毫升
止血敏注射液	用于大出血及毛细血管出血,产后出血等。也可用于手术预防出血	肌肉注射	20%:一次10~25毫升

续表

药品名称	作用与用途	方法	用量
维丁胶性钙注射液	预防或治疗羔羊佝偻病,成年羊骨软症和营养不良	皮下或肌肉注射	犊牛,一次2~5毫升;成年牛,一次10~20毫升
维生素C(抗坏血酸)	减少毛细血管渗透性和脆性,增强抗感染能力,用于维生素C缺乏症、血斑病、溃疡病等	肌注或静注	成年牛,一次2~4克;犊牛,一次0.2~0.5克
维生素B_1注射液	用于维生素B_1缺乏症、多发性神经炎、胃肠弛缓、心肌炎等	肌注或静注	成年牛,一次100~500毫克;犊牛,一次25~50毫克
维生素E	用于不育、流产、死胎、犊牛营养不良	肌肉注射	成年牛,每千克体重5~20毫克;犊牛每千克体重2~3毫克
维生素AD	用于骨软症、角膜软化、干眼和夜盲症	肌肉注射	成年牛,一次5~10毫升;犊牛,一次2~4毫升
催产素	用于母羊产羔无力,产后子宫出血;产后立即注射,可预防胎衣不下	皮下或肌肉注射	一次50~100国际单位,必要时4小时重复一次
乙烯雌酚	促进母羊发情,治疗胎衣不下、子宫内膜炎、子宫蓄脓	肌肉注射	一次5~20毫克
黄体酮	安胎,用于习惯性流产、先兆性流产、子宫功能性出血、卵巢囊肿	皮下或肌肉注射	一次50~100毫克
绒毛膜促性腺激素	用于促进排卵发情,治疗不孕症、习惯性流产	肌肉注射	一次1 000~5 000国际单位

续表

药品名称	作用与用途	方法	用量
孕马血清	治疗由性腺所引起的久不发情或不孕症	皮下或肌肉注射	一次20~30毫升
氯前列烯醇	治疗持久黄体	肌肉注射	一次200微克
前列腺素	治疗持久黄体或卵巢黄体囊肿	肌注或子宫内灌注	一次2~4毫克,子宫灌注每12小时一次
0.9%生理盐水	用于脱水、失血时补充体液及各种中毒病、促进毒物排除,外用冲洗伤口或黏膜炎症	静注	一次500~3 000毫升
复方氯化钠注射液	用于脱水、失血时补充体液及各种中毒病、促进毒物排除,外用冲洗伤口或黏膜炎症	静注	一次500~1 000毫升
10%氯化钠注射液	补充氯化钠,提高渗透压,促进胃肠蠕动,用于瘤胃弛缓和瓣胃阻塞	静注	一次300~500毫升
5%~10%葡萄糖注射液	补液、解毒、排毒、供给能量、强心	静注	一次1 000~2 000毫升
25%葡萄糖注射液	补液、解毒、排毒、供给能量、强心	静注	一次500~1 000毫升
碳酸氢钠注射液	用于缓解中毒、肺炎等,增加机体抵抗力	静注	一次500~1 000毫升
葡萄糖酸钙注射液	用于钙代谢紊乱的骨软症、佝偻病、产后瘫痪、出血性疾病、炎症、荨麻疹等	静注	10%:一次500~800毫升;20%:一次500~600毫升

续表

药品名称	作用与用途	方法	用量
氢化可的松	治疗急性风湿症、胸膜炎、关节炎、蹄叶炎、腱鞘炎、湿症、乳房炎、酮血症过敏性疾病等	静注	混入500毫升生理盐水中缓慢输入，一次500~1 000毫升
丙硫苯咪唑或丙硫咪唑	属广谱驱虫药，对多种线虫、绦虫、吸虫都有驱除作用，高效低毒	口服	每千克体重10~20毫克，一次口服
伊维菌素	属广谱驱虫药，对多种体外寄生虫，如螨、虱、蝇蛆及多种线虫有驱杀作用，高效低毒	皮下注射或口服	皮下注射，每千克体重0.1~0.2毫克；口服，每千克体重0.2毫克
敌百虫	驱杀多种体内外寄生虫	口服或外用	外用：1%~2%水溶液于体表局部涂擦；口服：每千克体重一次20~40毫克
硝氯酚	用于驱除肝片吸虫	口服或肌肉注射	口服：每千克体重3~7毫克；肌注：每千克体重1~2毫克
贝尼尔	主治泰勒虫病	深部肌肉注射	每千克体重5~7毫克
解磷定	治疗有机磷化合物中毒	静注或肌注	每千克体重15~30毫克
硫酸阿托品	治疗轻度磷中毒	皮下或肌肉注射	一次15~30毫克
来苏儿	用于皮肤、手臂、创面、器械、圈舍、环境等消毒	外用或冲洗	一般配成2%~5%的水溶液

续表

药品名称	作用与用途	方法	用量
高锰酸钾	用于口炎、咽炎、直肠炎、阴道炎、子宫炎及深部化脓创等	外用或冲洗	一般配成0.1%的水溶液
双氧水（过氧化氢溶液）	用于清洗化脓性创口，冲洗深部脓肿	外用	一般配成2.5%~3.5%的溶液
新洁尔灭	用于手术前洗手、皮肤黏膜和器械浸泡消毒	外用或喷雾	一般配成0.1%~0.2%的水溶液
碘甘油	治疗各种黏膜炎症（密闭保存）	涂、擦	适量

参考文献

[1] 昝林森. 牛生产学 [M]. 北京: 中国农业出版社, 2007.

[2] 马学恩. 肉牛饲养致富指南 [M]. 赤峰: 内蒙古科学技术出版社, 2008.

[3] 莫方. 养牛生产学 [M]. 北京: 中国农业大学出版社, 2003.

[4] 肖定汉. 奶牛病学 [M]. 北京: 中国农业大学出版社, 2002.

[5] 威廉·C·雷布汉. 奶牛病学 [M]. 赵德明, 沈建忠, 译. 北京: 中国农业大学出版社, 2002.

[6] 张晋举. 奶牛疾病图谱 [M]. 哈尔滨: 黑龙江科学技术出版社, 2000.

[7] 崔保安. 牛病防治难点解答 [M]. 郑州: 中原农民出版社, 2002.

[8] 冀一伦. 实用养牛科学 [M]. 北京: 中国农业出版社, 2001.

[9] 邱怀. 牛生产学 [M]. 北京: 中国农业出版社, 1992.

[10] 张建岳. 实用兽医临床大全 [M]. 北京: 中国农业科技出版社, 1995.

[11] 陆承平. 兽医微生物学 [M]. 第3版. 北京: 中国农业出版社, 2001.

[12] 中国农业科学院哈尔滨兽医研究所. 兽医微生物学 [M]. 北京: 中国农业出版社, 1998.

[13] 中国农业科学院哈尔滨兽医研究所. 动物传染病学 [M].
北京: 中国农业出版社, 1999.

[14] 吴清民. 兽医传染病学 [M]. 北京: 中国农业大学出版社,
2002.

[15] 蔡宝祥. 家畜传染病学 [M]. 第4版. 北京: 中国农业出版
社, 2001.

[16] 费恩阁, 李德昌, 丁壮. 动物疫病学 [M]. 北京: 中国农业
出版社, 2004.

[17] 汪明. 家畜寄生虫学 [M]. 第3版. 北京: 中国农业大学出
版社, 2003.

[18] 王明俊, 等. 兽医生物制品学 [M]. 北京: 中国农业出版
社, 1997.

[19] 朱模忠. 兽药手册 [M]. 北京: 化学工业出版社, 2004.

[20] 阎继业. 畜禽药物手册 [M]. 第2次修订版. 北京: 金盾出
版社, 2001.